上海科技人才发展研究报告
2022—2023

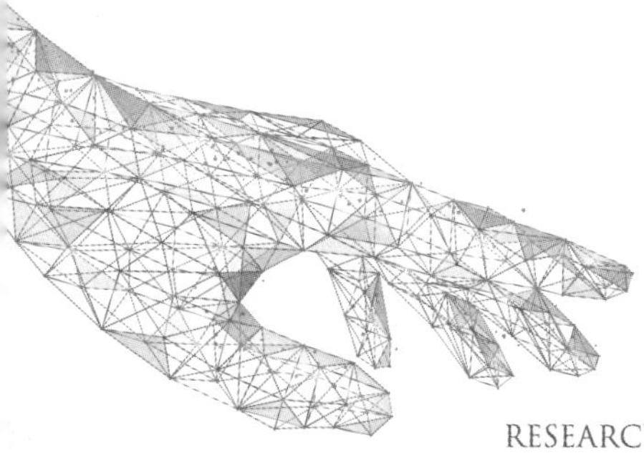

曾　方　张艳林　主编
顾玲琍　祝　侣　副主编

RESEARCH REPORT ON
THE DEVELOPMENT OF
SHANGHAI SCIENCE AND
TECHNOLOGY TALENTS

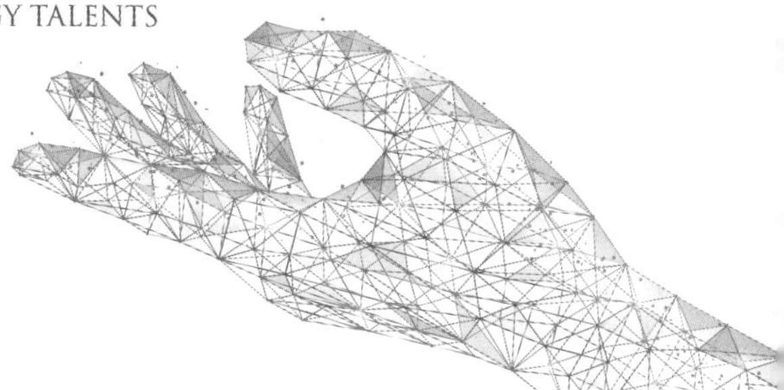

学林出版社

序

习近平总书记在党的二十大报告中指出：实施科教兴国战略，强化现代化建设人才支撑。这是全面建设现代化国家、全面推进中华民族伟大复兴的重大战略部署。应对国际科技竞争、实现高水平科技自立自强、建设中国式现代化，必须全方位谋划人才培养工作，充分激发和释放各方面人才的积极性创造性，大力培养造就国家创新发展急需的高水平人才队伍。上海深入学习贯彻党的二十大精神和习近平总书记关于做好新时代人才工作的重要思想，按照“聚天下英才而用之”总要求，聚焦高水平人才高地建设这个总抓手，以更大决心、更大力度、更实举措，加强前瞻性思考、全局性谋划、整体性推进，着力补短板、强弱项，更好发挥上海科技和人才优势，为当好改革开放排头兵、创新发展先行者提供源源不断的人才支撑。

新形势下面对高水平科技自立自强的战略需求，上海迫切需要深入实施新时代人才强国战略，加快建设具有全球影响力的科技创新中心和高水平人才高地，进一步完善优化科技人才政策体系。本书以“科技人才支撑中国式现代化建设”为主题，围绕“抓战略、抓规划、抓政策、抓服务”等工作重点展开，以关注科技人才发展和人才体制机制改革为主线，形成主题报告、专题报告、发展案例、参考借鉴四大结构板块，对习近平人才观、上海高水平人才高地建设、科技人才分类评价改革、青年科技人才、基础研究人才、地方院所科技人才体制机制改革实践案例等方面展开分析研究。

本书在撰写过程中，上海科技管理干部学院充分发挥“上海市人才理论研究基地”的功能作用，开展系统、深入、广泛的调研，并特别邀请北京、天津等地多位专家学者参与研究，经过半年多的共同努力，共计形成 18 份专题研究报告，最终汇总成本书出版。本书是作为集体研究的智慧结晶，其研究团队以上海科技管理干部学院为主，同时也集成了全国及上海重要智库机构专家学者的研究成果。上海市科技党委、市科委相关处室领导也对课题研究工作给予了大力支持和指导。衷心感谢各位为本书贡献的心力和劳动！

面对国际科技竞争日益激烈，国际形势日趋复杂，科技人才肩负的使命将更加重要，科技人才战略和政策研究将需要更加持续深入。我们期待有更多更好的科技人才研究成果，为政府部门建言献策，为用人单位参考借鉴，为上海高水平人才高地建设做出更大的贡献！

编者

目录

1 **序**

1 **第一部分　主题报告**

2 习近平新时代人才理论的方法论探析

曾　方　张晓明

13 深化科技人才评价改革的对策研究

曾　方　顾玲琍　于　博　王敬英

26 全球生命科学基础研究人才的区域分布与发展趋势
——一项基于大数据的文献计量分析

刘　晔　柳学智　苗月霞

38 新时期青年科技人才培养机制研究

蒋玉宏　袁　铭　陈宝明

53 上海推进高水平人才高地建设：新角色、新担当

汪　怿

65 新时代上海科技人才发展现状与展望

祝　侣　范　幸

79 **第二部分　专题研究**

80 上海科研院所年轻干部特点及培养模式研究

张艳林　李　媛　顾玲琍

93 新形势下海外科技人才流动态势与上海引才趋势建议

李　敏　王敬英　潘泓晶　顾玲琍

107　京沪两地人才国际化进程的比较研究
于　博
122　以创新能力为导向的上海科技人才职称评价研究
孙希昀　黄　飞
140　上海留学归国青年科技人才城市认同与社会融入分析建议
王敬英
157　**第三部分　发展案例**
158　发挥党管人才优势，推进高水平科技人才发展
——以上海市研发公共服务平台管理中心工作实践为例
上海市研发公共服务平台管理中心
168　科技人才评价改革实践探索
——以上海市生物医药技术研究院为例
上海市生物医药技术研究院
182　精准引才体系研究与实践
中国航天科技集团有限公司第八研究院第八一一所
196　基层事业单位管理骨干领导力提升研究
——以中电 51 所为例
中国电子科技集团公司第五十一研究所
217　**第四部分　参考借鉴**
218　天津市创新平台引育人才研究
高　峰　王振华　许优美
229　全力打造高水平人才高地，推进北京国际科创中心建设
张晓静

242　以人才大数据助力城市人才高地建设
——济南市拓展人社人才工作数字赋能新路径
宁延学　李海波　毛可超

251　**参考文献**

258　**附录**　2022—2023 年上海科技人才重点政策表

上海科技人才发展
研究报告
2022—2023

Research Report
on the Development of
Shanghai Science and
Technology Talents

第一部分

主题报告

习近平新时代人才理论的方法论探析

曾　方[1]　张晓明[2]

习近平总书记指出，“中国特色社会主义是实践、理论、制度紧密结合的，既把成功的实践上升为理论，又以正确的理论指导新的实践，还把实践中已见成效的方针政策及时上升为党和国家的制度”。党的十八大以来，习近平总书记在一系列的重要讲话中深刻阐述了人才观点，关心人才成长、重视人才培养、注重人才发展、优化人才环境，逐步形成了理论化系统化的体系，即习近平新时代人才理论，为新时代中国特色社会主义人才制度建设和实践提供了方向指南和根本遵循。

习近平新时代人才理论内容丰富、博大精深，既有一般人才理论的基本属性，即对“我们怎么看待人才、需要什么样的人才、为什么培养人才、为谁培养人才、怎样培养人才、培养的途径载体是什么”等一系列问题的阐述，又包含了世界观、历史观、认识论和方法论；既阐明是什么、怎么看，又指出为什么、怎么办，是习近平新时代中国特色社会主义思想的世界观和方法论在人才理论方面的系统集中表达。科学把握习近平新时代人才理论，就要坚持好、运用好“六个必须坚持”，即必须坚持人民至上、必须坚持自信自立、必须坚持守正创新、必须坚持问题导向、必须坚持系统观念、必须坚持胸怀天下，这也是我们认识问题、分析问题、解决问题的根本方法论。

1　曾方，上海科技管理干部学院院长，主要从事人才、党建研究。
2　张晓明，上海科技管理干部学院助理研究员，主要从事人才、党建研究。

一、坚持人民至上，尊重、爱护和成就人才

站稳人民立场、把握人民愿望、尊重人民创造、集中人民智慧，是习近平新时代中国特色社会主义思想的本体论核心，对人才战略地位的认识与肯定是习近平关于人才重要论述的逻辑起点，也是习近平新时代人才理论的重要特征。

（一）尊重人才

习近平总书记在党的二十大报告中指出，要深入实施人才强国战略，“坚持尊重劳动、尊重知识、尊重人才、尊重创造”。他把人才定义为驱动创新的第一资源，指出“世上一切事物中人是最可宝贵的，一切创新成果都是人做出来的。硬实力、软实力，归根到底要靠人才实力”。他坚持人才引领发展的战略地位，全面聚集人才，着力夯实创新发展人才基础，要求各级党的领导干部“要树立强烈的人才意识，寻觅人才求贤若渴，发现人才如获至宝，举荐人才不拘一格，使用人才各尽其能”；同时他身体力行，“为院士让座”“躬身为科学家颁奖”，社会各界爱才敬才蔚然成风，各行各业选才用才更加注重德才兼备，一系列激发人才创新活力、维护人才切身利益的政策文件陆续出台，天下英才聚神州的生动局面正在形成。

（二）爱护人才

习近平总书记强调，“千秋基业，人才为先。实现中华民族伟大复兴，人才越多越好，本事越大越好”。将人才作为推动国家、民族长远发展的大计，深入实施科教兴国战略、人才强国战略、创新驱动发展战略，使得人才发展成为推动经济社会发展的强大引擎。“我们比历史上任何时期都更接近实现中华民族伟大复兴的宏伟目标，我们也比历史上任何时期都更加渴求人才”，充分反映了他求贤若渴，要在全社会大兴识才、爱才、敬才、用才之风。“要积极营造尊重、关心、支持外

国人才创新创业的良好氛围，对他们充分信任、放手使用，让各类人才各得其所，让各路高贤大展其长”。他要求各级党和政府要“做好团结、引领、服务工作，真诚关心人才、爱护人才、成就人才，激励广大人才为实现‘两个一百年’奋斗目标、实现中华民族伟大复兴的中国梦贡献聪明才智”。

（三）成就人才

成就人才，用好人才，为人才发挥聪明才智创造良好条件，是习近平新时代人才理论的核心内容。他强调，“各级党委和政府要从心底里尊重知识、尊重人才，为人才发挥聪明才智创造良好条件，营造宽松环境，提供广阔平台”。他指出，“要用好用活各类人才，对待急需紧缺的特殊人才，要有特殊政策，不要求全责备，不要论资排辈，不要都用一把尺子衡量，让有真才实学的人才英雄有用武之地。要建立以信任为基础的人才使用机制，允许失败、宽容失败，鼓励科技领军人才挂帅出征。要为各类人才搭建干事创业的平台，构建充分体现知识、技术等创新要素价值的收益分配机制，让事业激励人才，让人才成就事业”。

二、坚持自信自立，人才自主培养和开放创新相结合

习近平总书记在党的二十大报告中指出，马克思主义的中国篇章是中国共产党人依靠自身力量实践出来的，贯穿其中的一个基本点就是中国的问题必须从中国基本国情出发，由中国人自己来解答。体现在人才理论上，就是坚持自信自立，把握战略主动，做好顶层设计，立足长远谋划，把人才的自主培养与开放创新有机结合起来。

（一）要坚持人才自主培养

坚持人才自主培养，是习近平新时代人才理论的重要导向，他强

调，“我国拥有世界上规模最大的高等教育体系，有各项事业发展的广阔舞台，完全能够源源不断培养造就大批优秀人才，完全能够培养出大师。我们要有这样的决心、这样的自信！”十年树木，百年树人，习近平高度重视教育在人才自主培养中的重要性，主张“要把教育摆在更加重要位置，全面提高教育质量”。教育兴则国家兴，教育强则国家强。党的十八大以来，党中央坚持把教育作为国之大计、党之大计，教育已成为我国走人才自主培养之路的有效途径，实现高水平科技自立自强的有力支撑。走好新时代人才自主培养之路，要立足中国实际，解决中国问题，“要坚持党的领导，坚持马克思主义指导地位，坚持为党和人民事业服务，落实立德树人根本任务，传承红色基因，扎根中国大地办大学，走出一条建设中国特色、世界一流大学的新路”，还要“统筹职业教育、高等教育、继续教育，推进职普融通、产教融合、科教融汇，源源不断培养高素质技术技能人才、大国工匠、能工巧匠”。

（二）要引进世界各地英才

习近平总书记在中央人才工作会议上着重强调，要坚持聚天下英才而用之，必须实行更加积极、更加开放、更加有效的人才引进政策，用好全球创新资源，精准引进急需紧缺人才，形成具有吸引力和国际竞争力的人才制度体系，加快建设世界重要人才中心和创新高地。坚持开放创新，加强人才引进的规划和系统布局，面向全球引进和使用各类人才资源，这是习近平总书记对做好人才工作的基本要求。他指出，中国发展需要世界人才的参与，中国发展也为世界人才提供机遇，他特别关注顶尖人才和高层次人才的引进，同时重视优秀青年人才、关键技术人才和实用型人才的引进，吸引外国人才和创新团队，强优势补短板，着力优化引才结构，强化高水平创新团队建设，把各方面优秀人才集聚到科技强国建设的伟大奋斗中来。

三、坚持守正创新，人才工作传承与开拓相统一

习近平总书记指出，我们从事的是前无古人的伟大事业，守正才能不迷失方向、不犯颠覆性错误，创新才能把握时代、引领时代。我们要紧跟时代步伐，顺应实践发展，既要传承又要发展。守正与创新相辅相成，体现在人才工作上就是“不变”与“变”、传承与发展、原则性与创造性的辩证统一。

（一）在人才培养上把牢正确政治方向

习近平总书记在中央人才工作会议上强调：“做好人才工作必须坚持正确政治方向，不断加强和改进知识分子工作，鼓励人才深怀爱国之心、砥砺报国之志，主动担负起时代赋予的使命责任。”党的十八大以来，以习近平同志为核心的党中央坚持守正创新，在人才培养的立场、方向、原则、道路等根本性问题上旗帜鲜明、毫不含糊，切实把理想信念教育和社会主义核心价值观贯穿基础研究人才培养全过程，教育引导师生砥砺强国之志、实践报国之行。同时，加强科研学风作风建设，不断厚植基础研究人才家国情怀，建立完善规范化、常态化、长效化的科研学风作风建设机制，强化对科研人员、教师、学生等的作风学风、科研诚信和科技伦理教育，全面营造良好的科研创新文化，培养造就一批善于思考和研究中国问题的人才。

（二）紧跟世界科技发展大势，对标一流，与时俱进

面对快速变化的世界和中国，习近平总书记强调要坚持立破并举，以巨大勇气和魄力推进各方面改革创新。他在中央人才工作会议上强调要坚持“四个面向”，深入实施新时代人才强国战略，进一步创新聚才用才的方法和举措，根据国家发展急迫需要和长远需求，立足当代中国正在经历的社会变革和创新实践，发现新问题、提出新观点、构

建新理论、开辟新领域、探索新路径，多出战略性、关键性重大科技成果。力争到 2025 年，在关键核心技术领域拥有一大批战略科技人才、一流科技领军人才和创新团队；到 2030 年，在主要科技领域有一批领跑者，在新兴前沿交叉领域有一批开拓者；到 2035 年，形成我国在诸多领域人才竞争比较优势，国家战略科技力量和高水平人才队伍位居世界前列。

四、坚持问题导向，深化人才体制机制改革

问题导向是习近平新时代中国特色社会主义思想重要的方法论，一切从实际出发、理论联系实际、实事求是，体现了强烈的问题意识和政治智慧。这一方法论不仅用于解决当前的人才问题，更是谋划未来发展的科学方法。问题是时代的声音，当前我国面临高精尖人才数量不足，人才队伍结构不合理，人才政策精准化程度不高，人才发展机制体制不完善等诸多问题，深化人才发展体制机制改革，加快构建具有全球竞争力的人才制度体系，势在必行。

（一）构建科学灵活的人才工作机制，着力破除体制机制障碍

习近平总书记在中央人才工作会议上强调，要“发挥用人主体在人才培养、引进、使用中的积极作用”，要求针对人才工作的阻塞点，破除束缚创造活力的陈规旧章和繁文缛节，从人才的培养、引进、使用、评价、流动、激励、保障等方面把握改革重点，向用人主体放权，为人才松绑。他还指出要“加快形成有利于人才成长的培养机制、有利于人尽其才的使用机制、有利于竞相成长各展其能的激励机制、有利于各类人才脱颖而出的竞争机制”，破除影响人才发挥作用的各种体制机制障碍，最终达到用好用活各类人才，让人才创新创造活力充分迸发，使人才各尽其能、各展其长、各得其所。

（二）创新人才评价机制，着力解决人才评价中“五唯”问题

习近平总书记强调，“完善人才评价体系，加快建立以创新价值、能力、贡献为导向的人才评价体系，形成并实施有利于科技人才潜心研究和创新的评价体系”，要求进一步深化职称制度改革，拓宽人才上升通道，完善人才评价标准，推进分类评价，以实绩论英雄，破除长期存在的唯学历、唯资历、唯职称、唯论文、唯奖项倾向，形成凭能力、靠实绩、看贡献评价人才的导向；同时要丰富人才评价手段，释放创新活力，探索建立以同行专家评审为基础的业内评价机制，注重引入市场评价和社会评价，鼓励有条件的单位或者部门单独建立评审委员会或评审组，提高人才评价的实效性、针对性和科学性。

（三）下定决心，加大人才体制机制改革工作力度

2016 年 5 月，习近平总书记针对《关于深化人才发展体制机制改革的意见》作出重要批示，“加快构建具有全球竞争力的人才制度体系”，要求将人才发展体制机制改革纳入全面深化改革的总体布局中，围绕突出问题，加强顶层设计，大胆探索，集中攻关，下定决心，转变人才发展和工作观念，认识和把握人才发展基本规律，改革现有人才体制机制与人才发展规律不相适应的地方，不断健全和完善人才体制机制，激发广大人才的积极性和创造性，在规范管理中促进有序竞争，形成工作新格局。

五、坚持系统思维，教育科技人才“三位一体”协调推进

唯物辩证法认为，事物是普遍联系的，事物内部各要素是相互影响、相互制约的。党的二十大报告指出，只有用普遍联系的、全面系统的、发展变化的观点观察事物，才能把握事物发展规律。全面建设社会主义现代化国家，教育是基础，科技是关键，人才是根本，教育

科技人才“三位一体”协调推进，这是习近平新时代人才理论坚持系统思维的重要体现。

（一）对人才工作进行整体性、全面性战略谋划

习近平总书记在党的二十大报告中指出：“教育、科技、人才是全面建设社会主义现代化国家的基础性、战略性支撑。”这一重要论断，全面阐释了教育、科技、人才的重要地位和历史使命。做好人才工作要全面认识到三个“第一”，即科技是第一生产力、人才是第一资源、创新是第一动力的内在逻辑；全面认识到三个“战略”，即科教兴国战略、人才强国战略、创新驱动发展战略的链条关系；全面认识到三个“定位”，即教育优先发展、科技自立自强、人才引领驱动的必然要求，一体化推进教育、科技、人才高质量发展，加快建设教育强国、科技强国、人才强国，建设世界重要人才中心和创新高地。国家从长远发展的全局观出发，优先谋划、整体布局，上下联动，东西结合，人才政策不断创新，人才机制着力完善，教育、科技、人才“三位一体”战略部署正一步步落到实处。

（二）要牢牢把握“四个面向”的需求导向和目标方向

“面向世界科技前沿、面向经济主战场、面向国家重大需求、面向人民生命健康”，这是习近平总书记关于科技创新的重要论述，也是做好人才工作的根本遵循，更是回答并解决“为谁培养人才”的时代之问。“四个面向”把人才工作与经济、社会、国家和人民需要紧密结合起来，深刻揭示了人才强与科技强、经济强、国家强、人民强的内在联系。人才工作只有坚持面向世界科技前沿，才能在抢占未来科技创新制高点上有新的成就；只有坚持面向经济主战场，才能在推动经济高质量发展上有新的作为；只有坚持面向国家重大需求，才能在解决“卡脖子”关键核心技术上有新的突破；只有坚持面向人民生命健康，才能在服务社会服务人民中体现人才价值。

（三）要下大力气全方位培养人才

党的十九大指出，“建设教育强国是中华民族伟大复兴的基础工程，必须把教育事业放在优先位置”，党的二十大又做出了“教育、科技、人才三位一体”的战略部署，强调要坚持教育优先发展，加快推进教育现代化，全面提升教育质量，发挥教育在培养各类人才中的关键作用，明确了对人才数量、质量、结构的需求是全方位的。同时总书记提出要加快建设国家战略人才力量，努力培养造就更多大师、战略科学家、一流科技领军人才和创新团队、青年科技人才、卓越工程师、大国工匠、高技能人才，进而形成从“关键少数”到“源头活水”、从“塔尖”到“塔身”“塔基”的国家战略人才力量，建设全球人才高地，激发各类人才活力。

六、坚持胸怀天下，聚天下英才而用之

坚持胸怀天下，拓展世界眼光，是习近平新时代人才理论的鲜明特点。我们要开阔胸襟、开阔视野，保持对时代发展趋势的深刻认识和对自身使命的清醒把握，将中国的人才问题时时刻刻放在全球化和国际竞争的大背景下来考虑，以海纳百川的宽阔胸襟借鉴吸收人类一切优秀文明成果，推动建设更加美好的世界。

（一）充分认识党管人才的重要意义

党的十八大以来，习近平总书记多次提出必须坚持和完善党管人才，强调“择天下英才而用之，关键是要坚持党管人才原则”；党的十九大，习近平总书记再次强调“要坚持党管人才原则，聚天下英才而用之”，确保党始终对人才工作总揽全局、协调各方。“党管人才主要是管宏观、管政策、管协调、管服务”，要求通过“党爱人才、党培

人才、党育人才”，将各类人才最大程度地团结凝聚在党的周围，从而实现“为党聚才、为国聚才和为事业聚才”的根本目标。

（二）全面推进人才的对外开放

全面推进人才的对外开放，是习近平总书记关于新时代人才工作的新理念新战略新举措着眼于全球视野广纳贤才的重要体现。他旗帜鲜明地将人才的开放置于国家对外开放体系中的首要环节，强调指出“一个国家对外开放，必须首先推进人的对外开放，特别是人才的对外开放”，向全世界公开宣示“引进国外人才和智力，是中国对外开放的重要组成部分，是我们长期坚持的重要战略方针”，并用“来得了、待得住、用得好、流得动”对引进和使用国外人才提出了明确要求。

（三）全力打造适宜人才发展的生态环境

良好的生态环境是人才成长与成熟的重要保障，也是人才工作得以有序开展的重要保障。习近平强调，“必须积极营造尊重人才、求贤若渴的社会环境，公正平等、竞争择优的制度环境，待遇适当、保障有力的生活环境，为人才心无旁骛钻研业务创造良好条件，在全社会营造鼓励大胆创新、勇于创新、包容创新的良好氛围”。他指示要千方百计为不同类型、不同层次、不同年龄段的人才成长成才创造机会、施展拳脚、建功立业的平台和舞台，引导社会力量，促进多方主体参与，厚植人才成长的土壤，不断拓展人才成长成才空间。要全面、细致地规划人才引进后的配套政策，关注自身的公共服务水平和产业发展能力，不断改善人才发展的各项条件环境和生态环境；要下功夫、用真心，切实为人才的成长环境、生活环境和工作平台着想，打造适合人才成长发展规律的生态环境，建立一个人才与环境互相促进、互相成就的可持续成长与增值系统。

党的二十大报告指出：继续推进实践基础上的理论创新，首先要把握好新时代中国特色社会主义思想的世界观和方法论，坚持好、运用好贯穿其中的立场观点方法，即“六个必须坚持”。系统梳理和研究习近平关于人才的重要论述，深入领会和运用习近平新时代人才理论的世界观和方法论，不仅仅是继续推进新时代人才理论创新的基础点和出发点，对于科学把握和深刻理解习近平新时代中国特色社会主义思想更具有重要的理论和实践意义。

深化科技人才评价改革的对策研究

曾　方[1]　顾玲琍[2]　于　博[3]　王敬英[4]

为全面贯彻落实党中央关于科技体制改革攻坚的重大决策部署，加快对各类创新主体和人才的“松绑”“解绑”，贯彻落实上海市委、市政府工作要求，根据“深化科技体制改革攻坚的实施路径研究”调研工作方案分工，开展“深化科技人才评价改革的对策研究”专题调研。专题调研组聚焦深化科技人才评价制度改革试点工作重大问题，分类选取上海大学、上海科技大学等高校，中科院上海光机所、上海药物所、脑智中心、上海材料所、生研院、航天 811 所等科研院所，上海联影、上海微电子、中电科数字科技等企业，通过专题访谈、案例分析、横纵比较等方式，梳理现状，借鉴经验，分析问题，提出对策。

一、深化科技人才评价改革背景要求

科技人才评价是科技人才管理工作的重要组成部分，是人才培养和使用的“指挥棒”，在科学配置创新资源，激发科技人才活力动力中发挥着十分关键的作用，不同阶段国家在科技人才评价改革中面临着不同的任务，新时期国家对深化科技人才评价改革提出了新要求。

（一）吹响科技人才评价改革的新号角

早在 2000 年初，国家就吹响了进行科技人才评价改革的号角。

1　曾方，上海科技管理干部学院院长，主要从事人才、党建研究。
2　顾玲琍，上海科技管理干部学院研究员，主要从事科技人才、科技政策研究。
3　于博，上海科技管理干部学院研究员，主要从事科技人才、科技管理研究。
4　王敬英，上海科技管理干部学院副研究员，主要从事科技人才、科技政策研究。

2003 年，科技部、教育部、中国科学院、中国工程院、国家自然科学基金委员会等联合发布《关于改进科学技术评价工作的决定》，强调要实施分类评价，倡导质量第一，克服浮躁、急功近利等短期行为。同年，科技部发布《科学技术评价办法（试行）》，对科技评价程序、专家遴选与回避以及基于分类评价导向的科技计划、项目、机构、人员、成果评价给出了具体指南。这两份文件的出台，标志着与国际接轨的中国科技评价制度初步建立，为改进科技评价工作首次亮出了政策导向和行动指南。

（二）构建符合新时代的人才评价机制

党的十八大以来，党和国家更加重视人才评价工作，党的十九届五中全会提出，“健全以创新能力、质量、实效、贡献为导向的科技人才评价体系”。中共中央连续密集发布关于人才评价方面的重要文件，向阻碍人才发展的人才评价问题亮剑。2016 年 3 月，中共中央、国务院印发《关于深化人才体制机制改革的意见》；2017 年 1 月，中共中央办公厅、国务院办公厅印发《关于深化职称制度改革的意见》；2018 年 2 月，中共中央办公厅、国务院办公厅印发《关于分类推进人才评价机制改革的指导意见》；2018 年 5 月，两院院士大会上，习近平总书记的讲话中明确了人才评价制度的改革方向，强调突出品德、能力、业绩导向，克服“唯学历、唯资历、唯论文”倾向；2018 年 7 月，中共中央办公厅、国务院办公厅印发《关于深化项目评审、人才评价、机构评估改革的意见》；2018 年 10 月，科技部、人社部等五部门联合开展清理“唯论文、唯职称、唯学历、唯奖项”专项行动，注重科研人员的创新能力、质量、实效和贡献，根据基础研究、应用基础研究、技术创新和成果转化等不同活动的规律和特点，积极开展科技人才分类评价；2019 年，人社部印发了《关于改革完善技能人才评价制度的意见》，提出建立健全以职业资格评价、职业技能等级认定和专项职业能力考核等为主要内容的技能人才评价制度。这一系列政策文件，为新时代完善科技人才评价制度指明了方向、奠定了基础。同时，提出了变革人才评价的体系与评价方式，形成科学化、社会化、多元化的技能人才评价机制，构建形成符合新时代要求的人才评价新体系、新机制的要求。

（三）深化改革加强政策的创新与落实

以习近平总书记为核心的党中央对科技人才评价制度改革的深化与政策的创新与落实高度重视，党中央、国务院出台了一系列重要政策，不断创新、发展与完善科技人才评价制度，不断破解难题，深化改革。新时期为深入贯彻党的十九届五中全会关于“健全以创新能力、质量、实效、贡献为导向的科技人才评价体系”的精神，深化三评改革，加强政策创新，强化政策落实成为完成中央全面深化改革委员会关于开展科技人才评价改革试点的工作部署，解决科技人才评价政策落实难的新命题。

2021 年 9 月，在中央人才工作会议上习近平总书记提出“要完善人才评价体系，加快建立以创新价值、能力、贡献为导向的人才评价体系，形成并实施有利于科技人才潜心研究和创新的评价体系”。如何更加科学地构建科技人才评价体系，树立正确科技评价价值导向；如何通过深化改革和政策协同为保障，强化政策落实落地，引导各类科技人才人尽其才、才尽其用、用有所成，为建设世界科技强国提供有力人才支撑，实现高水平科技自立自强是新时期国家对于深化科技人才评价改革提出的新要求。

二、深化科技人才评价改革情况综述

（一）上海深化科技人才评价改革的政策举措

为加快建设高水平人才高地，着力优化人才发展环境，突出政策创新和制度创新，上海深入贯彻落实国家《关于深化人才体制机制改革的意见》和《关于分类推进人才评价机制改革的指导意见》，相继出台《关于深化人才工作体制机制改革促进人才创新创业的实施意见》（“人才 20 条”）、《关于进一步深化人才发展体制机制改革加快推进具有全球影响力的科技创新中心建设的实施意见》（“人才新政 30 条”）、《关于深化职称制度改革的实施意见》等人才评价改革政策。据不完全梳理统计，近年来上海出台的有关人才评价方面政策约 8 项，其举措主要体现以下几方面：

1. 下放管理权发挥用人单位主体作用

政策提出，破除束缚人才发展的思想观念和体制机制障碍，向用人主体放权、为人才松绑，保障落实用人单位自主权。下放高校、科研院所、医疗卫生机构等科研事业的自主权，将岗位聘任、考核评价、收入分配等管理权给用人单位，允许高校、科研院所在编制限额内自主引才、统筹用编。提出发挥用人单位的主体作用，尊重市场主体地位，通过简政放权释放人才活力；探索建立由第三方专业机构和用人单位等市场主体评价人才机制。

2. 健全科技人才分类评价标准与机制

提出科学设置评价标准，创新多元评价方式，坚持用人主体评价为主，引入市场评价和社会评价。突出分类健全人才评价标准，突出市场化，率先在集成电路、人工智能和生物医药等战略性新兴产业领域推动由领军企业等牵头制定人才评价标准。完善人才分类评价体系，对基础研究人才，弱化中短期目标考核，突出学术、技术水平评价，注重研究成果质量及对国家、社会的影响力。对应用开发人才，强化创新创造业绩贡献评价，调整不恰当的论文要求。对科技成果转化人才，突出转化的效益效果评价，注重产值、利润等经济效益和吸纳就业、节约资源、保护环境等社会效益。

3. 探索突破科技人才职称评价改革

改革职称评价标准，外语和计算机应用能力不作为职称评审的前置条件，对在科技创新工作中业绩成就突出、成果显著的优秀中青年工程技术人员，可打破学历、任职资历要求，申报高一级专业技术职称。拓宽职称评价范围，以专业技术岗位（职位）为核心，打破户籍、身份、档案等制约，进一步畅通各类型企业、社会组织、自由职业专业技术人才职称申报渠道，加大企业人才评价选拔力度，适度提高科技创新型企业高级工程师（教授级）的比例。海外高层次留学人才国外专业工作经历、学术或专业技术贡献可作为参评高级专业技术职称的依据，不受本人国内任职年限限制。

（二）上海深化科技人才评价改革的最新进展

中央人才工作会议召开后，上海各高校、科研院所、企业等主体深入贯彻落实中央人才工作会议精神，围绕建设世界重要人才中心和创新高地，深入推进人才发展体制机制改革。在深化科技人才评价改革方面，取得了如下突出进展：

1. 健全党管人才体制机制，把握人才评价正确方向

上海各单位始终坚持“党管人才”，发挥人才评价正向激励作用，切实把党对人才工作的领导贯穿人才评价改革工作的全过程。

把好人才引进入口关。如上海科技大学建立了“校领导办公室综合评价—校级聘任委员会—学术带头人—学院”的人才引进机制，书记亲自带队对候选人进行把关，全面保障实现党管人才。

守好人才评价管理关。如上海大学实施“大部制改革制度”，设立组织人事大部，将党的管理与人才人事管理归为一个大部进行管理，推动党管人才落实。上海财经大学把师德师风作为第一标准，将政治

素质作为首要条件。

2. 引入教授长聘体系，规范人才引育模式

上海诸多高校引入了美国的长聘教授制度（Tenure Track），长聘教授相当于美国的终身教授，这一制度给予了科研人员足够的安全保障和学术自由。如上海交通大学出台《长聘体系制度实施办法》，设置了科学合理的长聘岗位体系，包括"长聘教轨岗位和长聘教职岗位"，畅通了人才引进、晋升、评聘三种准入与发展路径。再如上海财经大学深化"常任轨"制度改革，坚持国际同行评价，大胆引用"真人才"。

3. 健全分类评价体系，畅通人才发展通道

根据科研活动类型、岗位类别和成长阶段性特点制定人才分类评价标准。

上海建立的全球高层次科技专家信息平台将人才分为基础研究、应用研究和技术开发人才，针对不同类型人才建立多维评价体系。基础研究人才注重科研产出体量、质量、影响力，学术网络合作情况；应用研究人才注重国际会议表现、产学研合作表现；技术开发人才注重所在机构的性质、职务和项目中参与的角色，项目成效和影响力。中电科 32 所将科研人才划分为"经营管理、专业技术、专门技能"三个类别以及"基础性人才、骨干人才、核心人才和顶尖人才"四个层次，并针对不同人才设立不同晋升与发展计划，实现人才队伍的更加合理性建设。

建立教师分类评价体系。复旦大学教师分为教学为主型、教学科研并重型和科研为主型三种岗位类型，并分类建立了 16 个系列职称评聘体系，职称晋升时实施分类评审。上海交通大学推出教学、实验、思政系列"三大卓越奖励计划"，支持三大系列的优秀教师骨干群体。

4. 破除“五唯”评价顽疾，拓展人才发展空间

破除“唯论文、唯帽子”，实行“代表性成果”评价机制。如上海科技大学在人才引进中重点关注“代表性成果”所反馈出的人才学术的独立性和创新性。

破除“唯学历、唯职称”，实行“同行评议”制度。如上海材料研究所是突出创新贡献，凭能力和实际业绩贡献对人才进行评价。中国科学院脑科学与智能技术卓越创新中心实行“国际学术评审制度”，由诺贝尔奖或者同领域的领军人物进行实地考评，主要考察研究是否具有原创性、是否有意义，是否聚焦该领域研究前沿。另外，推行“青年研究员计划”，允许破格晋升副高职称，以实际贡献为主，不将研究人员的学历作为限制条件。

（三）上海深化科技人才评价改革的工作成效

上海积极贯彻中央人才工作会议精神，做好人才高地试点工作，紧跟国家科技人才评价改革脚步，相继出台相应政策，落实各项举措，近年来取得一定成效。

1. 激发科技人才活力，不断提升创新力和竞争力

上海不断深化科技人才评价改革，发挥好人才评价的“指挥棒”作用。2021 年上海活跃科研人员达 136589 人，同比增长 21.8%；科技成果产出突出，共有 84963 篇国际论文，同比增长 14.4%，其中《科学》《自然》《细胞》（CNS）发文数达 149 篇，占全国的 28.6%。上海获国家科学技术奖 48 项，占全国获奖总数的 17.5%，连续 19 年获奖比例超过 10%，还首次同时摘得三大奖项（国家自然科学奖、技术发明奖、科技进步奖）一等奖，实现高等级奖项“大满贯”。

高水平人才高地建设取得成效。在沪两院院士新增 7 人，总数达 185 人。2021 年全球“高被引科学家”名单显示，上海 106 人次入选，

占全国入选总数的 10%，占全球入选总数的 1.61%。

2. 尊重科技人才成长规律，完善人才评价机制

上海坚持遵循人才成长规律，按不同人才的成长路径设计不同的人才评价方法，设置各阶段人才计划，重点关注青年科技人才、领军人才、战略科技人才等不同类别，在科技人才发展的各阶段给予支持，动态更新人才评价体系。2021 年新设立上海科技青年 35 人引领计划，不断探索更有利于青年科技人才脱颖而出的评价和选拔机制，培养和造就一批具有全球视野和创新影响力的青年科技工作者。

截至 2021 年，上海科技青年 35 人引领计划入选 35 人，“求索杰出青年”计划累计 76 人，上海市青年创业英才开发计划累计 152 人，上海市青年拔尖人才开发计划累计 298 人，青年科技英才扬帆计划累计 2854 人，青年启明星计划累计 3265 人，“超级博士后”激励计划累计 1675 人，浦江人才计划累计 4437 人，曙光学者累计 1343 人，东方学者累计 1027 人，优秀学术 / 技术带头人累计 1966 人，上海领军人才培养计划累计 1739 人。

3. 完善人才分类评价标准，创新人才评价方式

加快推进重点领域人才评价改革方面，上海市《上海市重点领域（科技创新类）“十四五”紧缺人才开发目录》，涵盖基础研究类、应用技术类、实验技术类、成果转化类和科技支撑类等领域的 23 大类 239 小类人才，为重点领域科技人才分类评价指明方向。

完善人才评价体系方面，上海推出与国际接轨的重点产业人才评价体系。例如采用特许金融分析师（CFA）、金融风险管理师（FRM）等国际认证结果，推动国内职称评价机制与国际标准接轨，提高金融人才国际化水平。

职业技能人才评价方面，截至 2021 年 7 月底，上海职业技能等

级认定机构共 116 家，全市已累计开展职业技能等级认定 4.1 万人次，颁发职业技能等级证书 3.2 万本。

4. 加速人才工作数字化转型，增强人才评价效能

坚持全局理念和系统思维，加快人才工作数字化转型，加速推动人才现代化治理水平，提高人才评价工作质量和效能。上海积极推进全球高层次科技专家信息平台建设，目前平台涵盖全学科领域科技专家数量达 100.9 万，利用人工智能、大数据等技术为科技人才构建精准化人才数字肖像。

改革科技人才评价方式方法，搭建智能评分系统，动态调整科技人才评价指标体系，以数字化形式、信息化手段优化科技人才评价生态环境。截至 2021 年已为市委组织部引才工程 8000 余人次提供人才初评服务，持续提高科技评价的效率，优化人才评价环境。

三、深化科技人才评价改革的问题需求

结合国家科技人才评价综合改革要求，以提升人才感受度和获得感为出发点，以“先立后破、不立不破”为原则，调研发现各类人才评价和培养中的政策瓶颈和问题诉求。

（一）科技人才评价聚焦国家战略使命导向还不突出

围绕科技自立自强，如何增强支撑国家和上海重大需求的高水平科技人才的荣誉感和责任感缺少举措；对承担重大攻关任务和“揭榜挂帅”任务的优秀科技人才和团队的评价标准和支持力度有待优化加强；当前频次过勤、过多的人才评估对研究造成干扰，影响长期目标的落实。科研院所定位导向有别于高校，某些关键技术应用研发类科研院所人才在发表论文、学历层次、国际影响等方面竞争力不如高校，在探索构建体现重大原创性贡献、支撑国家战略等的人才评价指标体

系方面还任重道远。在领军人才的评价上不应受限于“五唯”，不应成为唯一的衡量标准，还需要看是否面向了世界科学前沿，是否解决了真正的科学问题，是否满足了重大需求。

对于需要团队合作的项目，人员自身绩效和团队绩效不好测度，对于除核心高端人才之外团队的其他人员重视程度不够，专业领域的技术人才，在团队中是不可或缺的，科学合理的团队评价机制应该进一步完善。

现有评价重存量成果重基础评价，不利于评估青年人才的创新能力、发展潜力；人才评价结果与支持优秀青年科技人才选拔培养、脱颖而出的政策措施尚未有效衔接。

（二）科技人才评价的“新标准、新方式”还不健全

评价标准上，以创新价值、能力、贡献为导向的科技人才分类评价体系建设还不到位，还存在“一把尺子量到底”的单一评价现象，大部分的单位评价标准主要仍是传统的单学科评价，缺乏对跨学科创新和成果应用的综合考量。基础研究、应用研究等不同类别研究的科技人才和科研项目考核指标设置不到位。科技系统学科专业、研究性质、岗位类型、所属领域等存在明显差异，对人才具体评价实施时，往往“颗粒度”较粗，不够具体清晰，导致“立新标”的需求呼声较大；同时，人才评价指标设置不够科学精准，缺乏对跨学科创新和成果应用的综合考量。

评价手段上，同行评议等操作方法还存在局限。如，“同行”范畴界定模糊，遴选出的外部专家可能不尽了解岗位具体要求，只能看项目、论文、专利、获奖等，又会出现“五唯”现象。另外，不同专家对重大原创问题难以达成共识，会产生差异化的评价标准和评价结果。引入国际专业评价机构不够，融入协同科技创新要素不够；对品行考核的内涵以及应用范围还缺乏明确和翔实的内容，对人才发展、贡献的动态评价不够。

（三）科学合理使用科技人才评价结果还有待加强

评用结合方面，用人单位科技人才评价自主权体现不够充分，与实现“人尽其用”、让用人单位能够根据实际需要自主开展评价还有明显差距。体现用人主体的评价结果的互通互认机制还不完善，聚焦上海三大重点产业领域的人才评价和支持不够，当前三大产业领域的人才评价主要以 MBO 目标管理和 KPI 绩效考核为主，缺少政府部门以及其他专业组织的主体引领和评估保障作用，难以体现重点企业人才评价的权威性和客观性；同时，也缺失突出技术突破和产业贡献导向的政策取向。政策协同方面，人才评价改革与科技体制改革的同步协同仍需深化。

四、深化科技人才评价改革的对策建议

（一）体现使命导向，加快建立以创新价值、能力、贡献为导向的、有利于科技人才潜心研究和创新的评价体系

争取国家有关部委支持，建设高水平世界人才高地评价改革试验区，形成一套高水平、重点人才群体分类评价指标体系，探索形成符合上海科技创新特色的“世界人才评价标准”。对于基础研究类人才，对标国际顶尖水平，突出原创成果和高质量论文为标志的代表作评价导向，把体现重大原创性贡献、支撑国家和上海发展战略，体现学科特点、学术影响力和研究能力等作为重要评价指标。建立“低频次、长周期”科研人才评价制度，实施“里程碑式”重要节点评价，减少对科研工作的干扰，让他们潜心研究和创新。对于应用研发类人才，突出技术突破和产业贡献导向，重点评价高质量专利、技术标准、技

术解决方案、产学研深度融合成效等，把技术创新与集成能力、成果的市场价值和应用实效、对经济发展贡献等作为重要评价指标。对于重大攻关类人才，突出实际贡献、创新价值和支撑国家、上海战略导向，对承担“卡脖子”重大核心关键技术攻关任务的科研团队，其领军人物给予“一人一策”特殊评价政策支持；增设技术性职务岗位，如可借鉴航天系统、船舶系统的“总工”“总师”等技术行政职务岗位，以岗位实践促人才成长，形成人才评价培养全链条。对于科技服务类人才，突出科技管理创新、服务关键技术开发、科技成果转化、科技民生发展等的能力与效果导向，把成果应用效益、科技服务满意度和社会效益等作为重要评价指标。

（二）体现价值导向，发挥好评价风向标作用，健全科技人才评价机制

突出科学精神、职业道德、从业操守，构建科学、规范、高效、诚信的科技评价体系。持续完善人才评价方式，突出科学方法应用，持续完善基于数字画像的科技人才评价专业数据库建设和应用机制，减轻科研人员负担，增强评价的科学性、准确性，提高评价效率，同行评价方式中增加“国际声音”和“青年声音”。提高评价活动的公开性和开放性，保证评价工作的独立性和公正性，确保评价结果的科学性和客观性。发掘评价价值应用，在各类研发创新平台合理设置科技人才评价指标体系，深化各类科研平台的动态监测和周期性评价相结合。将科研诚信状况作为科技人才评价的重要指标，营造潜心研究、追求卓越、风清气正的科研环境。

（三）体现激励导向，发挥好评价指挥棒作用，建立人才评价结果与实践应用的激励机制

深化“三评”改革联动，突出评价、用好和激励结合，构建承担国家和上海科技战略任务、支撑国家重大战略需求的科技人才评价机制，完善“首席科学家负责制”“揭榜挂帅制”“赛马制”等项目管理中的人才评价机制，发现遴选有实力、能攻关、出成果的优秀科技领军人才和创新团队承担重大科技攻关任务。适当考虑给予试点单位机构式资助，用于揭榜挂帅项目、引进人才的专项工作经费、配套资金。根据分类评价和应用场景，采取与之相适应的多元化评价方式，探索形成符合全球人才高地建设的“互认通用”机制。依托全球高层次科技专家信息平台，发挥大数据技术应用于人才评价的功能和国内外科技社团的人才举荐、评价功能。优化科技人才奖励表彰机制，探索“上海杰出人才奖”科技创新领域评价机制，对做出突出贡献的高层次人才授予以其姓名命名的实验室、工作室、团队等称号。建立优秀青年人才“直通车”制度，由一线科学家举荐优秀青年科技人才担任重要科研岗位，加大对业绩贡献突出的青年科技人才的倾斜支持。

（四）体现示范效应，发挥主体评价第一发言人作用，推进试点机构人才评价制度建设

加强组织、人社、教育、科技等不同条线改革的政策协同，落实科研机构自主权和“绿色通道”人才发展综合授权改革试点，加大重点领域紧缺急需人才破格竞聘岗位规定或岗位晋升绿色通道，支持科技系列、管理系列、支撑系列等不同岗位青年人才快速成长，打通管理岗位和专技岗位的职业转换通道。遴选有代表性的试点单位（高校、科研院所、医疗卫生机构、国企等），加强“评用结合，评以致用”，在机构绩效评估、专业技术职务聘任体系、岗位管理制度、职称评审制度、绩效考核制度等方面率先突破，支持科技人才高质量发展。聚焦生物医药、人工智能、集成电路等三大产业领域，选择一批单位开展世界科技人才评价工作试点，赋予充分的科技人才自主评价权。

全球生命科学基础研究人才的区域分布与发展趋势
——一项基于大数据的文献计量分析*

刘　晔[1]　柳学智[2]　苗月霞[3]

生命科学是研究生命现象、揭示生命活动规律和生命本质的科学，其研究对象包括动物、植物、微生物及人类本身，研究层次涉及分子、细胞、组织、器官、个体、群体及群落和生态系统。生命科学既是一门基础科学，又与国民经济和社会发展密切相关。它既探究生命起源、进化等重要理论问题，又有助于解决人口健康、农业、生态环境等国家重大需求。相比于其他传统研究领域，生命科学具有学科众多、交叉融合的特点，这对生命科学基础研究人才提出了更高的要求。准确把握全球生命科学基础研究人才的发展现状，全面了解我国的发展优势和短板所在，不仅是制定生命科学基础研究政策的前提，也是制定相关人才政策的基础。本文从文献计量的视角，提出一种界定"生命科学基础研究人才"的思路和方法，描述并比较全球和中国生命科学基础研究人才的分布与发展趋势，以丰富既有研究。

---

* 除非明确指出，本文中的中国相关数据指中国内地，不包括中国香港、中国澳门和中国台湾地区。

1 刘晔，中国人事科学研究院公务员管理研究室助理研究员，主要从事公共管理、人事制度和人才政策等领域的理论和实践研究。

2 柳学智，中国人事科学研究院副院长、研究员、国家"有突出贡献中青年专家"、国务院政府特殊津贴专家，长期从事人力资源管理、公共管理、电子政务等领域的理论和实践研究。

3 苗月霞，中国人事科学研究院公务员管理研究室主任、研究员，长期从事公共管理、人事制度和人才政策等领域的理论和实践研究。

一、研究综述

随着 20 世纪 50 年代分子生物学取得突破性研究成果，生命科学领域取得了突飞猛进的发展。早在 1956 年，《生物学通报》就刊发了苏联学者比萨勒日夫斯基的《生命科学中新的一页》一文，相对详尽地介绍了苏联生命科学领域的新发展。20 世纪 90 年代，周济对现代生命科学发展的新特点进行了总结，包括向宏观领域和微观领域同时进军、与各门自然科学相互渗透和相互促进、生物学的实验手段不断现代化、人工改造生命体系趋于“工程化”。此后，随着生命科学学科的发展，我国生命科学领域的相关研究逐渐从介绍国外相关领域发展情况演变为关注生命科学学科本身，产生了一批相对具有影响力的研究成果。

随着对基础研究的关注，诸多学者尝试从不同角度对基础研究进行分析。李真真总结了我国基础研究的发展困境、原因及其影响，重点探讨了我国科研管理制度给基础研究带来的问题与危机。周光召提出，要把握科技与经济社会发展规律，对我国基础研究进行布局。孙晓玲等基于 ESI 数据库，以各国发表基础研究论文数据为基础，对、中、美、日德四国基础研究布局的重点与均衡性进行了分析，认为我国基础研究发展较为迅速，学科布局重点突出，但均衡性有待加强，空间科学和生命科学领域存在短板。

在生命科学基础研究领域，1985 年，王泰安、谭德培对生命科学基础研究的特点及其管理进行了分析，提出在安排得当的情况下，生命科学基础研究和应用研究是相辅相成的，生命科学基础研究工作要形成各自相对稳定的研究方向。江虎军分析了我国生命科学基础研究发展中存在的问题，提出了我国生命科学融入国际研究主流的迫切性。王钦南提出，人才是生命科学基础研究的未来和希望，随着各种新技术、新方法的普及，最急需解决的就是基础知识和实验手段。江虎军等对如何客观公正评价生命科学基础研究成果进行了探讨，提出除 SCI 论文外，要从研究的科学意义、研究者的研究态势、成果转化、人才培养、研究工作的系统性等因素对生命科学基础研究成果进行评价。

综上所述，尽管在基础研究整体和生命科学基础研究人才方面已积累了一定的研究成果，但仍然缺乏一种能够科学、全面地对生命科学领域基础研究人才分布与发展趋势进行系统、深入分析的方法。

二、数据与方法

本文的数据来源于科睿唯安 InCites 数据库。科睿唯安遵循客观性、选择性和动态性的文献筛选原则，将文献被引次数作为主要影响力指标，筛选每一研究领域中最有影响力的期刊等文献，确保文献的代表性，为本文开展文献计量分析提供了大数据基础。

（一）学科的范围

笔者从科睿唯安 InCites 数据库中抽取了生命科学文献数据，相关学科包括：生物学、微生物学、病毒学、植物学、生态学、湖沼学、进化生物学、动物学、鸟类学、昆虫学、制奶和动物科学、生物物理学、生物化学和分子生物学、生物化学研究方法、遗传学和遗传性、数学生物学和计算生物学、细胞生物学、免疫学、神经科学、心理学、应用心理学、生理心理学、临床心理学、发展心理学、教育心理学、实验心理学、数学心理学、多学科心理学、心理分析、社会心理学、行为科学、生物材料科学、细胞和组织工程学、生理学、解剖学和形态学、发育生物学、生殖生物学、农学、多学科农业、生物多样性保护、园艺学、真菌学、林学、兽医学、海洋生物学和淡水生物学、渔业学、食品科学和技术、生物医药工程、生物技术和应用微生物学，共计 49 个。

（二）数据的选取

笔者分别于2020年1月3日、2021年4月20日、2022年1月28日、2023年1月27日四次从科睿唯安InCites数据库中抽取近10年生命科学领域49个学科的文献数据，文献数量分别达到9683791篇、10397137篇、10926210篇、11432906篇，以此作为本文研究的大数据基础。由于生命科学各学科之间文献类型存在差异，笔者选择了多种文献类型，主要包括期刊论文、会议论文、会议摘要、综述、编辑材料、快报、研究报告、图书综述等。与其他同类研究相比，本文覆盖的文献类型更为广泛。

（三）研究周期的选择

基础研究成果随着时间连续累积，基础研究人才也随着时间连续分布。考虑到基础研究的长期性，本文以2009—2018年、2010—2019年、2011—2020年、2012—2021年四个10年合计数据对生命科学基础研究人才进行统计分析，评估某一区域生命科学基础研究人才的区域分布和发展趋势，更为合理地反映该区域生命科学基础研究人才的发展状况。

（四）文献计量方法

一篇文献可能有一个或多个作者，作者可能属于一个或多个国家，甚至一篇文献可能属于一个或多个学科。在本文中，如果一篇文献有多个作者，且属于同一个国家或地区，视为一个作者；如果一篇文献的作者属于多个国家或地区，视为作者所属的每一国家或地区都拥有该篇文献，例如某篇文献有7个中国作者，3个美国作者，那么中国和美国各自计量为1篇文献；如果一篇文献属于多个学科，视为文献所属的每一学科都拥有该篇文献，例如某篇文献既属于微生物学，又属于生物材料学，那么微生物学和生物材料学各自计量为1篇文献。

（五）基础研究人才层次划分

本文在对 2009—2021 年生命科学文献被引次数进行分析后，发现绝大多数文献的被引次数较低（见图 1），因此本文将生命科学基础研究人才界定为，在某一学科某一年度的文献中，被引次数的累计百分比处于前 10% 的文献的作者。

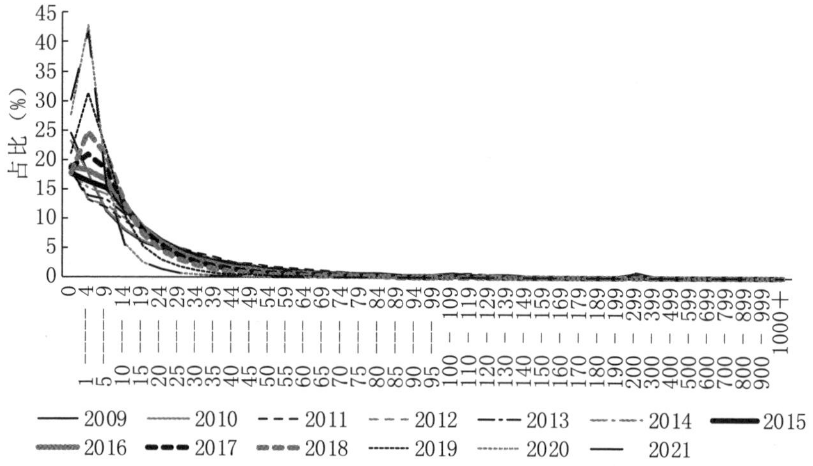

图 1　生命科学文献被引次数的分布（2009—2021 年）

为了对生命科学基础研究人才进行更细致的区分，本文继续以 1‰、1%、10% 为标线，将生命科学基础研究人才划分为 A、B、C 三个层次（见表 1）。

表 1　生命科学基础研究人才层次划分

人才层次	累计百分比 p
A	p ≤ 1‰
B	1‰ ＜ p ≤ 1%
C	1% ＜ p ≤ 10%

（六）指数设计

学科是基础研究领域划分的基本单元，也是基础研究人才划分的基本单元，本文以学科为基本单元构建指数，进行学科层面的指数计算；在学科分析的基础上，汇总形成生命科学总体的指数。根据学科、总体两个层面和A、B、C三个人才层次，构建某一区域某一学科某一人才层次的人才指数，具体指数如下：

A层人才指数为某区域某学科中A层人才的人次数；A层人才占比为某区域某学科中A层人才指数占全球相应学科中A层人才指数的百分比。

B层、C层人才指数和人才占比以此类推。

为了比较生命科学基础研究人才的发展情况，本文选择A、B、C层人才占比作为人才比较的主要指数。

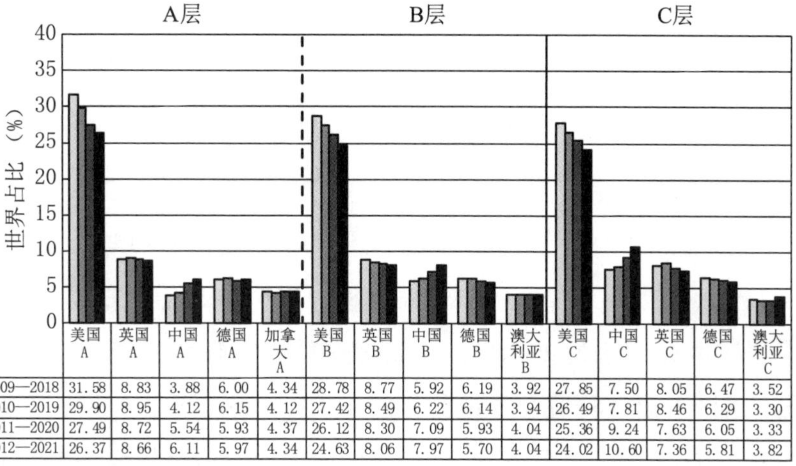

	美国A	英国A	中国A	德国A	加拿大A	美国B	英国B	中国B	德国B	澳大利亚B	美国C	中国C	英国C	德国C	澳大利亚C
2009—2018	31.58	8.83	3.88	6.00	4.34	28.78	8.77	5.92	6.19	3.92	27.85	7.50	8.05	6.47	3.52
2010—2019	29.90	8.95	4.12	6.15	4.12	27.42	8.49	6.22	6.14	3.94	26.49	7.81	8.46	6.29	3.30
2011—2020	27.49	8.72	5.54	5.93	4.37	26.12	8.30	7.09	5.93	4.04	25.36	9.24	7.63	6.05	3.33
2012—2021	26.37	8.66	6.11	5.97	4.34	24.63	8.06	7.97	5.70	4.04	24.02	10.60	7.36	5.81	3.82

图2 全球生命科学A、B、C层人才的区域分布和发展趋势[1]

1 为便于比较分析，本图2009—2018年、2010—2019年、2011—2020年、2012—2021年排名前五的国家或地区统一按照2012—2021年的数据进行排序。

三、研究发现

（一）总体分布与发展趋势

从学科总体层面看，在2009—2018年、2010—2019年、2011—2020年、2012—2021年，生命科学基础研究人才呈现出分布广泛又高度集中的特点（见图2）。

2009—2018年，A层人才中，美国的世界占比为31.58%，拥有全球近1/3的A层人才，分别为排名第二至五位的英国（8.83%）、德国（6.00%）、加拿大（4.34%）、中国（3.88%）的3.57、5.36、7.28、8.14倍；B层人才中，美国以28.78%的世界占比同样排名首位，英国、德国、中国、澳大利亚分别以8.77%、6.19%、5.92%、3.92%的世界占比排名第二至五位，这四者世界占比合计为24.80%，世界占比合计仍低于美国；C层人才中，美国、英国、中国、德国、澳大利亚的世界占比分别为27.85%、8.05%、7.50%、6.47%、3.52%，五者世界占比合计为53.59%，聚集了生命科学领域全球超过半数的C层人才。

2010—2019年，A层人才中，美国世界占比较前一个10年度的合计数据略有下降，但仍凭借29.90%的世界占比以绝对优势排名第一，分别为排名第二至五位的英国（8.95%）、德国（6.15%）、加拿大（4.12%）、中国（4.12%）的3.34、4.86、7.26、7.26倍；B层人才中，美国的世界占比为27.42%，较2009—2018年略有下降，英国、中国、德国、澳大利亚世界占比分别以8.49%、6.22%、6.14%、3.94%的世界占比排名第二至五位，处于第二梯队，这四者世界占比合计为24.79%，略低于美国；C层人才中，美国、英国、中国、德国、澳大利亚的世界占比分别为26.49%、8.46%、7.81%、6.29%、3.30%，世界占比合计为52.35%。

2011—2020 年，A 层人才中，美国世界占比继续较 2009—2018 年、2010—2019 年有所下降，但仍以 27.49% 占据首位，分别为排名第二至五位的英国（8.72%）、德国（5.93%）、中国（5.54%）、加拿大的（4.37%）的 3.15、5.17、4.96、6.29 倍；B 层人才中，美国延续了 A 层人才的下降趋势，世界占比为 26.12%，英国、中国、德国、澳大利亚分别以 8.30%、7.09%、5.93%、4.04% 的世界占比排名第二至五位，这四者世界占比合计为 25.36%，仍略低于排名第一的美国；C 层人才中，美国延续了 A、B 层人才世界占比的下降趋势，占比为 25.36%，中国、英国、德国、澳大利亚的世界占比分别为 9.24%、7.63%、6.05%、3.33%，五者世界占比合计为 51.61%，生命科学基础人才呈现高度集中的分布特征。

2012—2021 年，A 层人才中，美国以 26.37% 的世界占比排名首位，但与 2009—2018 年的 31.58% 相比，下降趋势明显，分别为排名第二至五位的英国（8.66%）、中国（6.11%）、德国（5.97%）、加拿大（4.34%）的 3.05、4.32、4.42、6.08 倍；B 层人才中，美国的世界占比为 24.63%，首次低于 25%，英国、中国、德国、澳大利亚分别以 8.06%、7.97%、5.70%、4.04% 的世界占比排名第二至五位，四者的世界占比合计为 25.77%，首次超过美国；C 层人才中，美国的世界占比为 24.02%，为 2009—2018 年、2010—2019 年、2011—2020 年以来的最低值，中国的世界占比首次超过 10%，达到 10.60%，英国、德国、澳大利亚的世界占比分别为 7.36%、5.81%、3.82%，五者世界占比合计达到 51.61%。

综合上述分析，从全球来看，生命科学基础研究人才主要集中在美国、英国、德国、中国、加拿大、澳大利亚，全球排名前五的 A、B、C 层人才的世界占比之和均超过 50%。其中，尤以美国生命科学基础研究人才最为集中，占据绝对优势，其 A、B、C 层人才远远领先于其他国家或地区。2009—2018 年、2010—2019 年、2011—2020 年、2012—2021 年，英国、中国、德国、澳大利亚生命科学 A、B 层人才占比均未超过 10%，在 5%—10% 之间；C 层人才中，仅有中国的世界占比在 2012—2021 年突破 10%，达到 10.60%。

从发展趋势来看，美国生命科学 A、B、C 层人才尽管优势依旧显著，但均呈现出相对下降趋势。中国生命科学基础研究人才近年的发展势头持续向好，其中，A 层人才的世界占比在 2009—2018 年为 3.88%，落后于美国（31.58%）、英国（8.83%）、德国（6.00%）、加拿大（4.34%）、澳大利亚（4.31%）、法国（3.91%）；2010—2019 年，A 层人才的世界占比（4.12%）已与加拿大持平，略低于澳大利亚（4.36%），与加拿大并列第五；2011—2020 年，A 层人才世界占比（5.54%）超过加拿大，排名第四；2012—2021 年，A 层人才世界占比（6.11%）进一步超过德国、加拿大，排名第三；同时，B、C 层人才也取得了一定的发展；但整体而言，中国与排名第一的美国仍有较大差距。英国、德国、加拿大三国生命科学各层人才的世界占比基本保持稳定。

（二）学科分布与发展趋势

学科层面的数据分析显示，学科层面基础研究人才位列全球排名前五位的国家与总体层面排名前五位的国家保持高度一致，仍然集中在美国、英国、中国、德国、加拿大、澳大利亚；此外，法国、荷兰、印度、西班牙、巴西、日本、印度尼西亚等国家也在一些学科上表现出优势，跻身全球前五之列。

2009—2018 年，生命科学 A 层人才中，除心理分析排名第一的位置被意大利占据外，美国在其他 48 个学科排名第一（其中，鸟类学与英国、加拿大并列第一）；B 层人才中，美国在 46 个学科中排名第一，中国为 3 个（分别为生物材料、园艺学、食品科学和技术）；C 层人才中，美国在 46 个学科中排名第一，中国为 3 个（分别为生物材料、多学科农业、食品科学和技术）。

2010—2019 年，A 层人才中，美国在 48 个学科排名第一（其中，鸟类学与加拿大并列第一），中国为 1 个（为园艺学）；B 层人才中，美国在 44 个学科中排名第一，中国为 4 个（分别为生物材料、多学科农业、园艺学、食品科学和技术），荷兰为 1 个（为真菌学）；C 层人才中，美国在 44 个学科中排名第一，中国为 5 个（分别为生物材料、农学、多学科农业、园艺学、食品科学和技术）。

2011—2020 年，A 层人才中，美国在 46 个学科排名第一（其中，鸟类学与英国并列第一），中国为 3 个（分别为生物材料、多学科农业、园艺学）；B 层人才中，美国在 44 个学科中排名第一，中国为 4 个（分别为生物材料、多学科农业、园艺学、食品科学和技术），荷兰为 1 个（为真菌学）；C 层人才中，美国在 43 个学科中排名第一，中国为 6 个（分别为生物材料、农学、多学科农业、园艺学、渔业学、食品科学和技术）。

2012—2021 年，A 层人才中，美国在 44 个学科排名第一，中国为 3 个（分别为生物材料、多学科农业、园艺学）；B 层人才中，美国在 43 个学科中排名第一，中国为 5 个（分别为生物材料、农学、多学科农业、园艺学、食品科学和技术），荷兰为 1 个（为真菌学）；C 层人才中，美国在 41 个学科中排名第一，中国为 8 个（分别为植物学、生物材料、农学、多学科农业、园艺学、渔业学、食品科学和技术、生物技术和应用微生物学）。

通过上述分析可以发现，美国在生命科学基础研究人才上依旧占据压倒性优势，在生命科学的 49 个学科中，A 层人才在 2009—2018 年和 2010—2019 年均有 48 个学科排名第一，2011—2020 年有 46 个学科排名第一，2012—2021 年有 45 个学科排名第一；B 层人才和 C 层人才优势略逊于 A 层人才，但即使是 C 层人才世界占比排名第一的学科数量最少的 2012—2021 年，美国也有 41 个学科的 C 层人才排名第一。

四、结论与建议

本文依据科睿唯安 InCites 数据库文献数据，以地域和时间为维度，从文献计量的定量评价的视角出发，通过分析文献被引次数的量的变化，区分生命科学基础研究人才能力的质的差异。为此，基于文献被引次数分布的特点，并没有包括所有文献的作者，而是截取了被引次数的累计百分比处于前 10% 的优秀人才，并且依据 1‰、1%、10% 的标线对优秀人才进行了更细致的分层，将其分为 A、B、C 三个层次。通过分析这三个层次人才指数之间的关系，发现这些人才层次之间高度相关，这样就更为立体地考察生命科学基础研究人才的层次分布，为相关政策制定提供更为准确的实证参考。同时，该指标体系以 10 年合计数据为依据，进一步从时间维度描述全球生命科学基础研究人才的分布状况，深入量化地观察全球生命科学基础研究人才的发展趋势。

此外，本文依据生命科学文献被引次数分析基础研究人才分布状况与发展趋势，反映的是生命科学研究领域基础研究人才的学术影响力和学术话语权。需要注意的是，文献被引次数是一种间接评价指标，不是对学术水平的直接评价。因此，本文在国家和学科的宏观层面，将生命科学基础研究人才能力抽象为基础研究人才指数，并对其进行评估，这种评估不同于对人才个体、团队、组织等微观层面的评估。在进行微观评估时，文献计量方法要针对人才个体进行系统分析，同时还应运用同行评议直接评价方法，对人才进行客观、全面、综合的评价。本文所用文献数据来自科睿唯安 InCites 数据库，尽管科睿唯安采取严格的程序和方法确保文献选取的代表性，但是毕竟没有包括全部的文献，而且目前学界关于生命科学的内涵和外延并没有完全共识，实践中某一文献是否属于生命科学领域也可能存在不同认识。因此，科睿唯安数据库的代表性是相对的，本文基于其文献数据进行统计分析并得出结论，其代表性也具有相对性。

研究结果显示，尽管在个别学科取得了一定突破，但整体而言，中国生命科学基础研究人才还存在明显短板，与美国存在较大差距，其中，尤以 A 层人才的差距最为突出，还处在追赶世界领先水平的进程中。同时，生命学科部分学科基础研究十分薄弱，A 层人才的世界占比不足 1%。

基于全球生命科学基础研究人才分布状况与发展趋势的分析结果，本文建议：一方面，需要根据生命科学不同学科发展的优劣势状况，着力强化支持生命科学基础研究薄弱学科的发展，因地制宜研究出台扶持相关弱势学科的资助政策；另一方面，需要根据生命科学各学科不同层次人才的占比状况，着力扶持基础研究人才梯队的薄弱层次，推进生命科学基础研究及其人才队伍可持续发展。同时，要持续跟踪关注全球生命科学基础研究人才的分布状况和发展趋势，全面精准了解中国生命科学基础研究人才在相应研究领域的优势程度及发展趋势。

新时期青年科技人才培养机制研究

蒋玉宏[1]　袁　铭[2]　陈宝明[3]

人才是科技创新的核心要素，科技的竞争归根结底是人才的竞争。国际人才竞争形势日趋激烈，我国要实现建成世界科技强国的宏伟目标，就必须培养造就一支规模宏大的高素质青年科技人才队伍。当前，缺乏具有国际影响力的科学技术人才是我国建设创新型国家和世界科技强国的突出障碍。如何自主培养造就高层次科技人才已成为科技人才工作中亟待解决的问题。本文针对青年科技人才创造力、顶尖人才自主培养能力、职业早期青年科技人才、新兴产业人才、科研诚信等人才培养重要问题进行了探讨，并对进一步完善相关政策提出了建议。

一、我国青年科技人才培养实践

党中央高度重视青年科技人才工作，不断强化顶层设计和系统部署。各部门，高校、科研院所等用人单位积极落实中央决策部署，陆续推出了一系列政策措施，优化青年科技人才成长环境，加大对青年科技人才的培养力度，对激发青年科技人才创新创造活力起到了积极的促进作用，主要做法如下。

1　蒋玉宏，科技部科技人才交流开发服务中心调宣处处长、研究员，主要从事科技人才政策、科技法律制度研究。

2　袁铭，科技部科技人才交流开发服务中心副研究员，主要从事科技人才政策和管理研究。

3　陈宝明，科技部科技人才交流开发服务中心副主任，研究员，主要从事科技战略、科技政策研究。

（一）探索特殊潜质科技人才培养机制

2019年教育部等六部门开始实施“基础学科拔尖学生培养计划2.0”（简称“拔尖计划2.0”），强调通过学术大师言传身教，激发入选学生学术兴趣和创新潜力，并组织拔尖学生进入国内外一流研究机构接受大师言传身教。中国科学院大学遴选约400位两院院士、“国家杰出青年基金”获得者等作为本科生的“学业导师”。清华大学推出的“清华学堂人才培养试验计划”（简称“学堂计划”）聘请丘成桐、姚期智等“大师”任首席教授，培养拔尖人才。教育部和中国科协联合实施“英才计划”，以两院院士、“长江学者”等为主为中学生配备导师。

（二）建立多层次多渠道的青年科技人才计划和项目

在中央人才工作领导小组领导下，形成了以国家高层次人才计划为统领，各部门、行业、地方协同推进的青年科技人才计划体系。按实施层次来看，可分为国家级，如青年拔尖人才支持计划；部门级，如“长江学者奖励计划”青年学者；地方层面，如上海青年科技英才扬帆计划和上海市青年科技启明星计划等。按主要受众来看，分为本土人才为主的和海外人才为主的人才计划。入选各类人才计划的青年科技人才会得到一定数额的经费支持，用于自主选题研究、人才培养和团队建设等。各地对入选人才计划的青年科技人才分不同情况配套给予落户、住房、税收、配偶安置、子女入学等方面的优惠政策。

（三）依托国家重大任务和科技创新基地培养青年科技人才

国家重大科技专项围绕国家确定的战略目标，集中全国优势力量协同攻关，凝聚和培养了一大批科技人才，形成了一批具有较强创新能力、领衔国家重大任务的青年领军人才和创新团队。国家重点研发计划设立青年科学家项目为年轻人创造更多机会，支持优秀青年科技人才“挑大梁”。从整个重点研发计划实施情况来看，参研人员中45

岁以下的科研人员占比达 80% 以上。“十三五”期间，重点研发计划在基础前沿和生命健康领域的纳米科技、合成生物学、数字诊疗装备研发等 8 个基础前沿类重点专项中专门设立青年科学家项目，支持 35 岁以下青年科学家承担国家科研任务，不受研究内容和考核指标限制。2016—2020 年，重点研发计划支持青年科学家项目共计 235 项，国拨经费约 8.74 亿元，平均支持强度约 372 万元。国家科技创新基地吸引、凝聚、培养了一大批优秀青年科技人才，国家重点实验室和试点国家实验室推动学科发展的同时，在培养硕士、博士研究生等青年科技人才方面发挥了重要作用。国家自然科学基金加强对青年人才的培养，通过设立青年科学基金项目、优秀青年科学基金项目、国家杰出青年基金项目等，支持青年科技人才独立主持科研项目，进行自主选题研究和自由探索，为优秀青年科技人才成长提供支持。

（四）利用基本科研事业费培养支持青年科技人才

2009 年，财政部、教育部印发《中央高校基本科研业务费专项资金管理暂行办法》，提出基本科研事业费主要用于支持中央级高校教师和品学兼优且具有较强科研潜质的在校学生开展自主选题科学研究，支持对象一般在 40 岁以下。2016 年，财政部印发《中央级公益性科研院所基本科研业务费专项资金管理办法》，要求科研院所基本科研业务费中支持 40 岁以下青年科研人员牵头负责科研工作的比例，一般不得低于年度预算的 30%。《关于加快直属高校高层次人才发展的指导意见》强调，中央高校基本科研业务费重点支持青年人才提升创新能力。《关于深化项目评审、人才评价、机构评估改革的意见》提出，要推动中央部委所属高校、科研院所完善基本科研业务费的内部管理机制，切实加强对青年科研人员的倾斜支持。2021 年 10 月，财政部发布《〈中央级公益性科研院所科研业务费专项资金管理办法〉有关问题的补充通知》，要求基本科研业务费用于支持青年科研人员的比例，一般不得低于年度预算的 50%。

（五）建立中国特色的博士后培养制度

博士后培养制度是我国对职业早期青年人才的培养政策，设有中国特色的博士后流动站、工作站设站和出入站制度，近年来主管部门不断对博士后培养制度进行改革完善。第一，适当下放设站审批权限，开展博士后科研工作站独立招收试点。下放园区类博士后科研工作站分站设站审批权限。设有国家重点科研基地、承担国家重大科技项目的非设站单位，备案后可以依托重大科技项目招收项目博士后。第二，创建博士后创新人才支持计划。自 2016 年实施以来，结合国家实验室等重点科研基地，择优遴选一批应届或新近毕业的优秀博士，专项资助其从事博士后研究工作。每年资助 200—400 人。第三，支持博士后国际交流合作。实施博士后国际交流计划，支持有条件的地方、部门和设站单位设立博士后国际交流项目。第四，提高博士后生活保障水平。2015 年 8 月 1 日起，博士后日常经费标准由每人每年 5 万元提高到 8 万元。推进博士后公寓建设，鼓励地方和设站单位解决博士后研究人员周转住房问题。

（六）推动青年科技人才国际化发展

扩大公派留学和出国培训规模，逐步统筹规划国家、地方奖学金，集中公派留学资源，围绕国家重点行业和特殊需求培养国家急需人才，同时完善优秀自费留学生奖学金资助政策，健全留学生归国就业创业优惠政策，吸引更多优秀留学生回国工作、为国服务。党的十八大以来，科技部支持科技人员“走出去”110 余万人次、出国（境）培训超过 23 万人。截至 2021 年底，国家留学基金公派留学人数达到 3.7 万人，理工农医领域的占比为 70%。实施留学人员回国创新创业启动支持计划，遴选资助一批高层次人才回国创新创业项目。国家高新区设立“国家级海外高层次人才创新创业基地”，吸引和支持海外留学生回国创新创业。

二、我国青年科技人才培养存在的突出问题

尽管近年来我国青年科技人才队伍量质齐升，但青年科技人才培养方面仍面临不少突出问题，主要集中在以下几个方面。

（一）创造力和科学精神培养不足

以分数、应试为核心的升学体系以及以知识灌输为主要手段的标准化教学模式，长期贯穿教育体系，对学生科学兴趣和创造性思维培养不够，不利于创新型人才培养。学生创造性和批判质疑的科学精神整体不足，缺少对科学的浓厚兴趣和献身科研事业、勇攀科技高峰的精神。教育资源、学生精力过度耗费在分数竞争上，抑制了学生的好奇心和创造力。片面理解和追求教育公平，弱化了对有天赋学生，怪才、偏才学生的选拔和针对性培养。学科竞赛、高校自主招生等作用下降，高考对学生能力水平的区分度下降，选拔优秀人才的功能减弱。同时，高校改革探索的政策空间较小，多元式发展和特色教育不足，人才培养趋向单一化、趋同化。高校在招生规模分配、学科设置等方面自主权有限。特别是在学科评估、双一流评估等压力下，高校普遍更重视科研工作，看重论文、项目等成果产出，在培养创造型人才方面重视和投入不够。

（二）世界顶尖科技人才培养能力有待提升

一个国家的人才储备像一座金字塔，顶尖人才位于金字塔的顶端，顶尖人才越多，塔基和塔身一定越宽厚，巨大的金字塔的塔基支撑了不同高度、不同层次的人才，这正是支持一个国家科技和经济发展的能力和潜力所在。当前，我国科技论文数量已居世界第一，高被引论

文数量世界第二，但基础研究整体水平不高，标志性重大原创成果少。基础研究人才缺乏主要体现在缺少能产生重大原创成果的顶尖科学家。以获得诺贝尔自然科学奖项数量为例，21 世纪以来已有 19 位日本学者获得诺贝尔自然科学奖（2000—2019 年），平均每年 1 人。迄今为止，中国大陆获得诺贝尔自然科学奖的科学家仅有屠呦呦一人，折射出我国原始创新能力薄弱和顶尖人才不足的现状。美国斯坦福大学发布《2022 全球前 2% 顶尖科学家榜单》，我国共有 7795 位科学家，不足美国入榜科学家数量的 1/10，不足英国一半。从人均看，每百万人中，瑞士和丹麦上榜人数超过 300 人，我国仅 5.5 人。

（三）我国高层次青年科技人才留学毕业后滞留国外现象较为严重

据美国《科学与工程指标 2020》调查数据显示，中国留学生 2011—2013 年在美获科学和工程博士学位五年后仍在美工作的占 83%，2006—2008 年在美拿到科学和工程博士学位十年后仍在美工作的高达 90%。再如，汤森路透集团评选的全球材料领域 100 位顶尖科学家前 6 位均是华人，除了 1 位我国台湾地区科学家外，其余 5 位本科都毕业于中国科学技术大学，但都在美国的大学或国家实验室工作。美国国家科学基金会 2020 年开展的“获得博士学位调查”（SED）显示，持有临时签证并在美国攻读学位的科学和工程博士学位获得者中，超过 80% 来自中国大陆的学生打算毕业后留在美国，2021 留美人数略有下降，如图 1 所示。根据美国的统计数据，在美国获得科学与工程博士学位外国人的 5 年和 10 年滞留率非常高，2012 年获得美国科学与工程博士学位的中国人 2017 年时仍有 84% 留在美国。这种现象反映出，我国在世界范围内吸引和留住高层次青年科技人才的能力虽然相比过去有很大提高，但与建设世界科技强国的需求相比，仍然还有不小的提升空间。

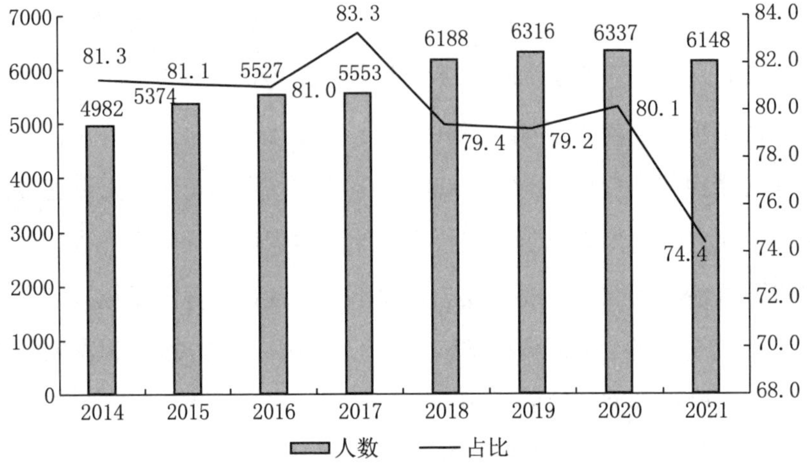

图 1 持临时签证并打算留在美国的博士学位获得者人数及比例

资料来源：https://ncses.nsf.gov/pubs/nsf23300/

（四）职业早期青年科技人才的持续培养机制不健全

职业早期青年科技人才缺乏对其能力持续提升的体系性支持，缺少知识积累和创新能力提升的平台和条件。调研中，不少青年科技人才反映，用人单位对青年科技人才以用为主，较少关注对青年科技人才的接续培养。青年科技人才渴望持续更新知识，提升能力，但缺少渠道、经费和时间等方面的支持。同时，缺乏跨单位、跨领域、跨学科的科技交流平台和机会。有企业青年科技人才反映，他们主要依托所在企业组织的竞赛、开通的课堂进行内部交流，交流的内容和深度十分有限，扩展不了视野，对科学前沿的了解机会少。

（五）新兴产业青年科技人才培养不足

我国新兴产业发展迅速，但能有效支撑产业发展的尖端人才不足。据《制造业人才发展规划指南》数据显示，2020 年，我国重点产业人才缺口超过 1900 多万人，预计 2025 年这个缺口将接近 3000 万人，成为制约我国产业发展和转型升级的重要瓶颈。新兴产业人才培养不足的主要原因包括如下四方面。第一，人才培养的前瞻性不够。高校不能灵活根据新兴产业发展趋势设置学科，教学内容与产业和企业实际需求脱节。第二，通识教育和交叉学科教育不足。新兴产业快速发展需要人才快速转型。而人才的快速转型要依靠数学、物理、计算机等基础学科和交叉学科能力。高校和职业学校学生偏重专业知识和技能学习，数学、物理、计算机等基础学科知识、交叉科学知识学习不够，知识结构单一，毕业后无法适应产业发展变化及快速转型。第三，终身学习体系不健全。学历教育和非学历教育衔接不畅，产业人才知识和技能更新学习缺乏有效渠道。第四，缺少工匠精神。产业技术工人整体待遇偏低、流动性大，掌握技术只为“养家糊口”而非出于兴趣和事业追求，精益求精的长期经验积累不足，关键工艺环节缺少能工巧匠、“大国工匠”。

（六）科研诚信和作风学风培养有待进一步加强

部分青年科技人才存在科研功利化、学风浮躁等问题，论文、项目申报材料造假等违反科研诚信和科技伦理的行为在青年科技人员群体中不时发生。主要原因包括：一是评价导向有偏差，长期主要以SCI论文数量、影响因子大小等“量化”指标评价，评价结果与薪酬、奖励、职称评定、职位晋升等利益直接挂钩；二是围绕基金项目、“人才帽子”等竞争形成各种“圈子”，一些科研人员花费大量精力跑评审、搞关系，无心、无力真正做科研，却掌握不少学术资源和话语权，带坏了风气，“十年磨一剑”、淡泊名利、献身科学的良好科研环境难以形成；三是容错机制不完善，原创研究周期长、难度大、结果不确定，目前科研考核注重结果成败，缺乏容错机制，青年科研人员倾向回避风险，更多选择跟随、修补式研究，较少开展重大原创性研究，长此以往不利于形成勇攀高峰的科学家精神；四是对违反科研诚信行为主动发现机制尚不健全，处罚力度不够，导致一些人通过学术不端行为迅速获取名誉地位和科研资源，但未能及时受到应有的处罚，引发部分青年科研人员模仿，在一定范围内形成传播扩散效应，对青年科技人才群体产生了较大的负面影响。

三、国外青年科技人才培养政策借鉴

世界主要国家高度关注青年科技人才的成长与发展，制定专门政策，采取多种措施，促进和激励青年科技人才成长发展，这可为研究提出我国青年科技人才的支持政策提供重要的参考价值。

（一）高度重视中小学阶段 STEM 教育

主要发达国家普遍重视在基础教育阶段加强 STEM（科学、技术、工程和数学）教育，为科技创新人才培养打牢基础。美国《2030 愿景》提倡在 K-12 教育中开展更多的科学工程教学，提高各级 STEM 教育质量。日本《第六期科学技术创新基本计划》要求面向初高中教育阶段推进 STEM 教育。韩国《科学技术人才培养与支持基本计划（2021—2025）》要求提高中小学的科学和数字化领域教育水平，开设“生活科学教室”，面向各年龄段学生提供“定制型”人工智能课程，建立“人工智能未来学校”等。

（二）多措并举加强博士生培养

博士生是高等教育人才培养的最高层次，各国从队伍规模、支持力度、能力培养等方面加强对博士生的培养。一是扩大博士生队伍规模。法国《2021—2030 年研究规划法》要求提高博士生待遇并扩大招生数量，确保所有博士生都能获得国家资助，扭转博士生数量下降趋势。英国 2018 年起实施“博士生贷款计划”，申请者可获得最长达6年、额度为2.5万英镑的贷款，旨在增加博士生人数。二是加大对博士生的支持力度。日本向所有在读博士生提供与生活费相当的补助，利用多种资金渠道为优秀博士生提供奖学金，并提供担任研究助理、特别研究员及赴海外研修的机会，支持博士生开展挑战性研究。三是注重交叉学科研究能力培养。英国在工程和物理科学研究理事会（EPSRC）、经济与社会科学研究理事会（ESRC）中设立了博士培训中心（DTCs），与大学合作对博士生加强交叉学科研究能力培养。

（三）大力推动青年科技人才的国际化培养

日本积极建设国际研究网络，鼓励研究人员赴海外开展世界级研究活动，同时完善大学和研究机构聘用机制，吸引具有海外科研工作经历的人才回国。2019年设立“国际竞争力强化研究员项目”，投入5.4亿日元，资助一流大学、研究机构中参与挑战性研究、有志成为领域内世界顶级权威的青年学者，支持人数为90人，年限5年，其中3年在国外开展研究。美国“数学与物理学早期职业学术之路”（Early-Career Academic Pathways in the Mathematical and Physical Sciences）计划对刚开始职业生涯的年轻研究者提供科研经费支持和出国交流的机会。德国有专门的研究项目可供青年科技人才出国学习，如与美国合作的“美国国家健康研究所项目”资助青年学者去美国研究所进修2—3年，然后再回国继续进行研究，拓宽青年科技人才的国际视野。

四、完善我国青年科技人才培养机制的政策建议

（一）加强对青年科技人才的思想引领和科学家精神教育

2019年6月，中共中央办公厅、国务院办公厅印发《关于进一步弘扬科学精神加强作风和学风建设的意见》，要求在全社会大力弘扬科

学家精神。有必要通过教育与引导，使青年科技人才厚植家国情怀，树立献身科学、献身社会的远大志向和正确的人生观、价值观，弘扬科学精神，坚定创新自信，弘扬优良学风，扣好学术生涯“第一粒扣子”，把个人理想和科学追求融入建设社会主义现代化国家的伟大事业中。

首先，推动科学家精神进校园，将科学家精神融入教学内容。求实创新是科学研究的必备品质，青年科学家在成长过程中培养这种品质也并非一蹴而就，需要科学家精神尽早进校园，在课堂上有渗透，在各个教育阶段培养学生爱国奉献等科学家精神。

其次，引导青年科技者自觉践行科学家精神。加强科研作风学风建设，充分发挥科学共同体自律自净作用，鼓励青年科技人员发扬创新求是、勇攀高峰的科学精神，树立科技报国、造福人民的担当情怀，引导鼓励青年科技人员把论文写在祖国大地上、在不同岗位上建功立业做出贡献。

再次，不断创新宣传方式，大力宣传科学家精神。一是高度重视“人民科学家”等功勋荣誉表彰奖励获得者的精神宣传，表彰科技界的民族英雄和国家脊梁；二是扩大科学大师名校宣传工程、学风传承行动等项目支持力度和覆盖范围，提高“最美科技工作者”“最美教师”“大国工匠”等典型宣传中的青年科技人才比例；三是依托科技馆、国家重点实验室等设施建设科学家精神教育基地，不断推进全社会崇尚科学的氛围；四是支持运用新闻、纪实报告、视频号、影视剧等多种宣传方式，支持宣传基层一线科技工作者和创新团队典型，讲好科技工作者科学报国故事。

（二）深化青年科技人才教育培养机制改革

大幅提升创新人才自主培养能力，必须加强人才培养的供给侧改革，更加重视科学精神、创新能力、批判性思维的培养，提升科技人才供给与高质量发展需求的适配性和耦合度。

一是大力改革基础教育模式。摒弃磨灭好奇心和创造力的知识灌输型教育模式，将创新教育融入教育体制中，强化科学兴趣、科学精神、批判性思维和创新能力培养，让更多青少年的科学天赋得到充分激发，拓宽特殊潜质人才选拔培养通道，做大科技创新后备人才“底盘”。

二是进一步探索青年英才培养机制。在现有应试选拔体系之外，创设多样化的赛道和相应的招生制度，增加高校选拔拔尖创新人才的灵活度。适当扩大高校选才自主权，拓宽人才选拔通道，同时严格程序，加强监管。赋予高校、中学和顶尖科学家充分自主权，发挥在发现、培养、使用具有科学研究潜力青年人才的主体作用。让“大师培养大师”，鼓励更多顶尖科学家参与人才培养。针对具有科学研究潜力的青年学生，建立国际导师制，鼓励高校院所聘请本领域顶尖科学家为学生授课、答疑，引导学生师从世界一流科学家，进入学科前沿，参与高水平科研活动，在科研活动中学习掌握先进的科学研究方法。

三是鼓励高校、研究所、高科技企业合作培养创新型人才。大力发展产教协同、研教协同培养人才模式，在深化双导师制、产业实践基地等人才培养模式基础上，鼓励高水平产业科技创新人才进入高校，开设新兴产业科技课程和担任研究生导师。

（三）加强对职业早期青年科技人才接续培养

针对青年科研人员职业生涯不同阶段出台相应资助计划，如导师指导计划、职业生涯过渡计划、独立开展研究计划等。鼓励高校、科研院所、高科技企业建立“职业导师”制度，对职业早期青年科技人才在科学研究、职业生涯规划等方面给予指导。对青年科技人员提高科研项目资助率，增加科研经费中对青年科研人员的资助比例。改变对青年科研人员的短期考核和评价机制，给予其较为稳定的科研环境。

（四）结合国家重大科研任务实施、科技创新基地建设培养青年科技人才

在重大项目攻关中，让青年骨干打头阵、当先锋。国家科技计划要全面推行青年科学家项目，“按方向选人，按人定项目”，同时建立职业早期青年科技人才培养专项。克服论资排辈倾向，敢于选用优秀青年科技人才承担国家重大科技创新任务，明确青年参与的比例要求，支持青年人才勇闯“从 0 到 1 无人区”，在科研一线发现新问题，解决新问题，产生原创性、前沿性、变革性的创新成果，为我们国家科技发展培养一批未来能够领军挂帅的青年后备军。发挥国家实验室、国家重点实验室等高能级创新平台集聚培养青年科技人才作用，加强青年科技人才培养基地建设，为青年科技人才搭建支撑平台。相关主管部门将培养青年科技人才情况纳入科技创新基地及其主要负责人的考核指标体系中，并与经费支持挂钩，压实培养青年科技人才的主体责任。

（五）完善青年科技人才能力持续提升的支持体系

青年科技人才的成长通道有待进一步拓宽，需多方协同推进。一是拓展青年科技人才出国培训的渠道。支持青年科技人才以访学、联合培养、境外研修项目等形式到国际一流大学和科研机构、高科技企业等开展国际科技项目研究，加大青年科技人才公派留学的规模。二是实施“青年科技人才转型升级工程”。建设国家科技人才学习资源平台，为青年科技人才提供科学技术前沿知识和能力提升渠道，推动青年科技人才形成终身学习与持续技能提升能力。三是强化科技创新方法和科研组织能力培训。加强交叉创新、科研方法、实验技能、创新政策、科研诚信、团队建设等方面的系统培训，着力提升青年科技人才科研能力和科研组织领导能力。四是加强青年科技人才学术交流。鼓励地方、用人单位搭建交流平台，引导青年科技人才组成科研兴趣小组、研发协作组织等，组织跨单位、跨领域、跨学科的科技交流活动。支持高等学校、科研院所、企业组织国际青年学术论坛等活动。五是畅通青年科技人才有序流动。建立和完善学术休假制度，搭建专业性服务平台，支持高校院所青年科技人才依托平台在学术休假期间到企业开展科技创新活动，为青年科技人才发现科学问题创造机会。支持高等学校、科研院所设立流动岗位，吸引企业青年创新创业人才兼职。

（六）强化科教、产教融合培育新兴产业人才

一是按产业发展需求优化学科设置。加强对新兴产业发展状况和趋势的研判，允许和指导高校按新兴产业发展需求，突出新知识、新技术和学科交叉，灵活设置学科。加强数学、物理、化学、计算机等通识教育，使编程、信息化等成为科技人才的基本技能。

二是完善终身学习机制。根据职业发展不同阶段知识更新和技能提升需求，建立和完善国家学习资源平台，大力推进终身教育。建立健全国家学分银行制度和学习成果认证制度，使社会教育培训成为知识和技能评价的重要依据。

三是强化产教融合育人。加强专任教师与企业技术专家和“能工巧匠”双培养导师队伍，强化工匠精神培育。改革教师教学业绩和实践能力评价，引导教师参与企业实践。鼓励高校设立创新岗位吸引企业科技授课或指导实践。高等职业院校探索与企业分段式、交叉式培养急需技能人才。

四是结合关键核心技术重大科研任务培育产业人才。支持企业牵头组建创新联合体，联合高校、科研院所共同承担关键核心技术重大科研任务，打通基础研究、应用开发、成果转移和产业化链条，将结合任务实施合作开展人才培养情况纳入任务考核，在使用中造就一批新兴产业技术领军人才和创新团队。

（七）进一步提升青年科技人才队伍国际化水平

加强青年科技人才的国际化培养。加大国家中长期出国（境）培训项目、国家留学基金对青年科技人才的支持力度，优化支持方式，提高青年科技人才支持比例。鼓励有条件的高校和科研院所设立国际科研导师制度，联合世界一流科学大师培养具有顶尖科技人才潜质的青年科学家，与世界著名大学和科研机构共同招收和培养国际博士后。

加大海外优秀青年科技人才引进力度。强调人才自主培养，绝不意味着自我隔绝。要在大力培养国内创新人才的同时，更加积极主动地引进海外人才。优秀青年科技人才应成为未来引才的重点之一。建议进一步完善外国人来华的签证、居留、工作法律制度，探索实施技术移民制度，加大科技计划项目对外开放力度，设立面向全球的科学研究基金，充分发挥中国政府奖学金作用，增强包容性，面向创新大国和“关键小国”以及“一带一路”沿线国家，充分发挥北京、上海、粤港澳大湾区高水平人才高地，以及其他中心城市吸引集聚人才平台建设的先行先试优势，不拘一格、多种方式吸引更多国外优秀青年科研人员来华共同研究，为他们提供事业发展的舞台，着力营造国际化的科研生态环境，打造全球优秀青年科技人才追逐创新创业梦想的“理想之城”，推动构筑集聚世界重要人才中心和创新高地。

上海推进高水平人才高地建设：新角色、新担当

汪　怿[1]

习近平总书记在中央人才工作会议上明确提出，深入实施新时代人才强国战略，加快建设世界重要人才中心和创新高地。同时，他首次提出，可以在北京、上海、粤港澳大湾区建设高水平人才高地。这是关于人才发展的重要战略布局、重要战略使命。如何承担新的角色、推动未来发展，这是一个亟须回答的重要命题。

一、上海推进高水平人才高地建设：新内涵

目前，在全球人才竞争方面，有4种指标受业界关注。一是，世界经济论坛（WEF）提出全球人力资本指数（HCI），主要维度包括能力、部署、开发、专有技术等四个方面。二是，英国经济学人情报部（EIU）与海德思哲（Heidrick & Struggles）于2011年发布《全球人才指数报告》，提出全球人才指数（GTI），具体指标：人口、义务教育、大学教育、劳动力质量、人才环境、开放度、吸引人才倾向等方面。三是，欧洲国际工商管理学院（INSEAD）、新加坡人力资本领导能力研究院（HCLI）和人力资源公司德科集团（Adecco）于2013年起每年持续发布全球人才竞争力指数（GTCI），人才竞争力分为人才赋能环境、人才吸引力、人才成长、人才保留力和人才技能等五个方面。四是，国际货币基金组织世界人才排名因素（IMD WTRF），主要

1　汪怿，上海社会科学院研究员，主要从事科技人才研究。

包括本土人才投资与发展、海外人才吸引力、人才可用性等方面。从上述指标来看，具有全球竞争力、影响力的人才发展，主要集中在：人才自身实力和竞争力，人才拥有知识技术及其转化的能力，人才培养、吸引、留住、使用等机制或制度，人才开放程度，人才发展生态环境等。

从国际通用指标、结合我国实际，我们认为，高水平人才高地具有高质量人才供给、高能级人才平台、高流量人才节点、高成长人才机制、高品质人才环境、高效能人才治理等多个层面，在此基础上，建设高水平人才高地，应该最终成为全球各类卓越人才集聚之地、成长之地、向往之地，全球各类优秀人才与人才自身以及与资本、技术、信息、空间、环境充分互动的交融之地、创造之地、发展之地，改变世界、创造未来的新知识、新技术、新流程、新模式、新产业、新文化的策源之地、发明之地、诞生之地、交汇之地。

二、上海推进高水平人才高地建设：新角色

从世情看，全球力量“东升西降”趋势明显，中美战略博弈不断加剧，国际秩序深刻调整，全球治理处在重大变革的关键时期；新一轮科技革命、产业变革处于酝酿之中、爆发前夜，全球产业链、供应链、创新链、人才链发生重要变革。面对全球竞争，创新越来越成为取得全球竞争优势的关键基础，人才越来越成为引领发展、赢得未来的战略资源，人才竞争日益激烈，人才变革需求日益迫切。面对全球变局、把握发展态势，因势利导、顺势而为，化压力为动力、变挑战为机遇，更多地在全球发展中创造新的发展亮点、创造新的发展机遇。从国情看，人才发展面临新发展阶段、新发展理念、新发展格局，推动高质量发展，必须从“站起来”“富起来”转到聚焦“强起来”，突

出“人才是实现民族振兴、赢得国际竞争主动的战略资源”，实现人才从“支撑发展”“优先发展”向“引领发展”的跨越。

面对重大任务、历史使命、战略机遇，作为构成和影响世界重要人才中心和创新高地的重要基础，推进高水平人才高地建设，承担更多新的角色、新的使命，需要释放新的强劲动力。

（一）更重引领创新的角色

建设高水平人才高地，要求充分把握从世界格局变化、全球科技和产业变革、全球人才流动等视角，围绕“面向世界科技前沿、面向经济主战场、面向国家重大需求、面向人民生命健康”，深刻理解人才之于科技创新、经济增长、产业变革、社会进步、竞争优势、发展动力、大国兴衰的战略价值，充分认识人才是执政基础来源、人才制度是制度优势和治理效能的重要组成部分、人才战略是国家整体战略的核心内容，把引发科学重大发现、技术重大突破、产业重大变革的战略科技人才、科技领军人才和创新团队，能够开发新产品、拓展新市场、构筑新模式、引领新潮流、发展新业态的人才，能够推动经济社会持续发展、满足人民美好生活需要的人才，培养出来、引进过来、使用起来，把人才内在的活力激发出来、创新创业的激情迸发出来，实现人才由支撑发展、优先发展向引领发展的历史跨越。

（二）更大力度改革的角色

建设高水平人才高地，要求承担好改革突破的角色，一方面，要充分发挥现有创新基础、资源禀赋和独特发展优势，聚焦于人才评价、“揭榜挂帅”、多元投入、基于知识价值的激励导向、精准服务等重点，抓紧建构更加有利于人才成长发展、更加有利于人才价值实现、更加有利于人才做出贡献、具有影响力吸引力竞争力的人才制度体系；另一方面，抓紧建立政府、市场主体、社会组织及人才个体等主体有效互动，共同推进人才发展的治理体系，运作各种方式开展推动建立权责统一、运转高效、法治保障的人才开发机制，抓紧推进人才政策制度的创新突破，让人才成为引领新时高质量发展的战略资源、关键动力、引领力量。

（三）更深层次开放的角色

建设高水平人才高地，要求用开放的心态、开放的视野、开放的制度，在更大范围、更深层次、更高水平引聚、用好全球有用英才，更加积极嵌入全球人才网络和创新网络，代表国家参与全球竞争、影响全球发展。更加自主的推动人才规则、规制、管理、标准等制度型开放。更大范围，指的是把握全球发展态势，面向全球人才，聚天下英才而用之；更深层次，推进高水平制度型开放，推动制度型开放，率先试点人才自由流动、自由从业等领域开放制度、开放政策；更高水平，是指聚焦有基础、有优势、能突破的战略方向、优势领域、重点领域，通过集聚天下英才和改善人才发展环境，扩大开放空间、提升人才开放能级、优化人才开放环境，让中国成为集聚天下英才、成就天下英才、发展天下英才，实现自我价值、走向全球的起锚地、转折点。

三、上海推进高水平人才高地建设：新担当

落实中央要求，加快推进高水平人才高地建设，上海需要承担新角色、新担当，也有需要有新行动、新策略。

（一）提供高质量的人才供给

面对第二个百年奋斗目标，高水平科技自立自强是关键，人才是自主创新的关键。上海推进建设高水平人才高地，首要建构“创新”“战略”“未来”三维结构的高质量人才。

从创新维度来看，抓住创新生产者，即身在一线、作为科技创新探路者和先行者的基础研究、应用研究、研究开发人才；抓住创新的组织者，即发现和捕捉商机、组织创新资源和创新活动的企业家、创业者；抓住创新服务者，即围绕在创新人才周围、聚焦创新链，为创新提供金融、会计、律师、知识产权等领域的创新服务人员；抓住创新治理者，具有创新基因，识读创新、关注创新、敢于创新、善于创新、服务创新，为人才和创新提供场景和支持的治理者。

从战略维度来看，要把赢得未来、争取主动、具有优势的战略人才作为建设重点和关键，集聚培养抓住战略科学家、科技领域战略家、以科技引领发展的战略家、科学技术领域的智库专家，积极培育具有战略科学家潜质的高层次复合型人才，开辟创新发展的新空间；大力集聚创造新技术、新领域、新产业的科学家、工程师、技能人才，引领创新潮流、推动科技创新策源、赢得未来战略竞争；同时，还要充分关注属于战略领域、掌握战略资源、位居战略层次、战略影响的人才，把能够赢得全球科技创新和人才竞争主动，能够在全球范围内产生重要影响力、起到关键作用，能够引发重大突破、重大变革以及带来经济社会持续发展和人民美好生活的人才，进一步加大培养造就力度，充分发挥作用，为实现人才由支撑发展、优先发展向引领发展的历史跨越，夯实发展基础。

从未来维度来看，要强化未来的视野、前瞻的眼光，聚焦青年科学家、研发人员、工程师、企业家、技术工人，聚焦青年政治精英、未来领袖等，注重强化具有国际竞争力和创新潜力的未来人才的培养、发现、储备、使用，用未来来集聚人才特别是青年人才，聚焦有基础、有优势、能突破的战略方向、优势领域、重点领域，看到未来、看准未来、培育未来、创造未来，给未来以未来，真正让把青年人才和创新潜在人才作为引领未来发展、赢得未来竞争、创造未来优势的生力军。

（二）建设高能级的人才平台

人才平台是培养人才、造就人才的基石，是吸引人才、集聚人才的“磁石”，是成就人才、引领人才的推进器；人才平台的能级有多大，对高水平人才高地建设的助力就有多大。因此，面向世界科技前沿、面向经济主战场、面向国家重大需求、面向人民生命健康，围绕国家发展重大战略，建立一流卓越人才和优秀人才成长发展的高能级载体平台，是建设高水平人才高地的重要组成部分。

这要求上海：必须进一步加快世界一流重大科技基础设施建设，加快国家实验室、综合性科学中心、科学工作室等全球领先科技创新重大设置、重大项目攻关项目，以科技创新重大项目吸引集聚一流战略科技人才、领军人才和创新团队；必须加快世界一流大学、学科建设进程，支持建设若干优势学科，共同引育高端人才，促进人才链、创新链与产业链的深度融合；必须加快战略产业发展，推动创新联盟、产业联盟，推动国家级和市级重点实验室、工程技术研发中心、企业技术中心、研发实验服务基地、技术中介机构、产业技术创新联盟等平台。

（三）构建高通量的人才节点

高水平人才高地是世界重要人才中心和创新高地的联通全球人才网络和创新网络的核心枢纽，同时，也是构成和影响世界重要人才中心和创新高地的重要基础。从全局的视角来看，高水平人才高地处于全球网络与国内格局之间，是联通国内、国际循环高通量的战略链接、关键节点。

一是，要突出上海的自身优势，以战略意识、战略眼光、战略本领、战略定力，把握科技革命和产业变革趋势，明确人才发展战略定位，制定具有竞争优势的制度体系、产业政策、创新政策、人才政策，围绕产业链、创新链、发展链、人才链，培育集聚站在创新创业潮头、站在行业科技前沿、具有国际视野、善于引领潮流的人才，把影响未来、造就未来的人才吸引过来、集聚起来、培养起来、发展起来，不断提升其人才实力、人才竞争优势、人才发展含金量。

二是，聚焦高层次人才集中的中心城市、聚焦战略支点，加快建立以高水平人才高地为引领，推动区域协调发展、融合发展的人才发展共同体，特别是要聚焦世界第六大城市群发展，抓住长三角高水平一体化契机，突出特色意识、长板意识、共同体意识，结合各地自身特质、独特禀赋、各自所长，集聚比较优势、竞争优势的人才，培育具有特色的人才集群，协同开展人才发展体制机制综合改革试点，探索积累可复制可推广的经验，打造区域强力板块，同时，延伸一批“产才城”融合的增长极、聚集带、发展圈，整体提升国内人才网络的能级，推动科技创新与产业发展深度融合，促进人才流动和科研资源共享，让各类要素更为顺畅地自由流动，更大程度激发人才活力、形成人才创新创造活力。

三是，要积极嵌入全球人才网络和创新网络，代表国家参与全球竞争、影响全球发展，对标世界最高标准、最好水平，厚植竞争优势、造就发展机会、增强流动动力，通过进一步丰富产业、市场、基础设施、创新集群、“引擎”企业、共性技术服务平台等人才引进的“硬”资源，丰富一流高校、专业、顶级科学家论坛、全球青年创业者论坛等人才引进“软”资源，建立多重人才发展社群和网络，打造全球创新和人才网络节点，吸引全球人才近悦远来。同时，要搭建更多的国际性创新平台，加快“走出去”步伐，加强离岸基地建设，统筹发展在岸业务和离岸业务，致力于创新、关注于创新的海内外人才同频共振、共同携手前行，共享发展机遇、共享改革成果、共对未来挑战。还要开辟人才新的方向、建立新的朋友圈、建立新的集聚机制、拓展新的发展网络，抓好高校、科研机构等创新策源地，抓好跨国公司、创新企业、重点产业重要渠道，抓住中介机构渠道有效路径，用中国的发展、中国的优势中国的未来，吸引和集聚全球人才，不断增强全球人才资源配置能力、吸引力、影响力，不断完善全球人才愿意来、乐于来的基础，让更多全球人才因中国而聚、因中国而兴，让高水平人才高地成为配置全球人才、发展全球人才的重要枢纽、重要平台。

（四）健全高成长的人才机制

建设高水平人才高地，要求抓住人才快速成长、有效成长进程中的核心诉求，破除制约发展的瓶颈难点，着力加大改革和开放的力度，让海内外人才基于此、快发展、高成长。

一方面，着眼于改革的角度，要以改革力量激发人才活力，用人才力量来引领创新，用人才活力来激活发展，有效驱动和牵引、引导、建构以及创造新的发展。建立进一步向用人主体放权、为人才松绑，给予用人主体在培养、引进、使用中更多的权利，让贴近人才的主体有权，向服务人才的主体赋权，让他们在第一线面对各种各样的人才及其发展诉求，能够用好权、能够服务好，能够最大限度满足人才需求，能够最大程度激发人才活力；同时，要通过改革，充分赋予人才更大技术路线决定权、经费使用权、资源调度权，健全以创新价值、能力、贡献为导向的人才评价体系，完善打破各自限制、给予有为政府和有效市场的人才流动机制，构建充分体现知识、技术等创新要素价值的收益分配机制，落实攻关任务“揭榜挂帅”等机制，完善人才创新创业机制，丰富创新创业资源、建立创新创业载体、优化创新创业服务，让人才创造活力竞相迸发、聪明才智充分涌流。

另一方面，立足于开放的视角，要着力推动人才规则、规制、管理、标准等制度型开放，抓紧建设具有国际吸引力和竞争优势的人才制度体系，让更多的海外人才能够因高水平人才高地更便捷的流动、更自由的从业、更良好的发展、更快速的成长。例如，通过创新更加便利的出入境、停居留和工作许可制度，让外籍人才更加便利的申办工作许可、长期居留、永久居留；通过明确职业负面清单制度，明确从业自由范围、类型、程度，建立职业资格认可制度，创新学历、职业资格互相认证制度，与相关国家、区域、国际组织开展职业资格互认交流合作，开展外籍人才参加我国职业资格考试，让海外人才在华工作、执业门槛更低、范围更广。

（五）建设高品质的人才环境

建设高水平人才高地，要聚焦战略科技人才、科技领军人才、创新团队、青年科技人才、卓越工程师、技能人才等不同群体，对工作、生活、学习等各个层面多样化发展需求，以人才友好型环境为核心，打造有宽松的工作环境，让科学家全身心去跟踪、投入、判断未来可能会出现的重大突破方向。积极优质公共服务和配套设施，完善优质基础教育项目布局，打造高水平综合医疗中心，提供前沿尖端技术服务、高水平医疗、先进适宜技术服务，引进优质医疗资源。完善区域内交通布局，加快 5G 基础设施建设，打造智慧城市示范区，提供智能生活方式，创造高品质生活，打造宜居宜业、美好幸福、充满活力、持续发展的人才发展生态。

（六）推进高效能的人才治理

建设高水平人才高地，要在加强党对人才工作的全面领导下，强化政府主体的职责，充分发挥用人主体的治理作用，激励企业、高校、科研机构、社会组织和个人等多元主体的积极参与，形成由政府、社会、市场、个人的协同治理的责任共同体。要加强政府人才发展治理的职责，强化其制度供给、政策工具的职责，要落实用人主体、人才个体在微观组织的主体作用，还要重视专业团体、行业协会、民间组织多与特定层面的人才发生有机的互动和联系的价值，发挥其在人才发展治理中的代表、协调、联络、桥梁等多方面作用。更为重要的是，要着眼于当前和未来的发展，推动政府、市场、社会多元主体良性互动的结构，共同推进高效能人才发展的治理体系建设，真正让人才成为引领新时代发展的战略资源、关键动力、引领力量，让高水平人才高地成为海内外人才成长成功之地、事业成就之地、价值实现之地。

四、上海推进高水平人才高地建设：新举措

（一）进一步突出自主培养

充分突出人才在科技创新、产业变革、经济发展、社会进步领域不可或缺的中坚力量地位，要把赢得未来、争取主动、具有优势的战略人才作为建设重点和关键，进一步加大人才培养，加大国内领军人才培养力度，培育一批战略科学家和具有潜质的高层次复合型人才。围绕重点核心技术攻关领域，发挥大科学设施等平台优势，建立健全关键人才特殊调配机制，组建跨部门跨行业攻坚团队，组织产学研协同攻关。设立“基础研究特区”，选择基础研究领域优势突出的高校和科研院所，面向重点领域和重点团队，进行长期、稳定、集中支持，赋予科研自主权，支持开展科研组织模式和人才管理体制机制改革探索。聚焦集成电路关键零部件、关键材料、核心软件、人工智能算法理论与技术框架、生物医药创新药物和器械研发等“卡脖子”领域，

鼓励企业、科研院所和高校深度合作，通过产教融合、专业共建、平台基地共建、职业能力培训共建等模式，加快推进产学研协同育人，共同培育产业人才。

（二）进一步加大开放水平

建设高水平人才高地，更大范围，指的是把握全球创新、全球人才流动的态势，聚天下英才而用之。更高水平，是指聚焦有基础、有优势、能突破的战略方向、优势领域、重点领域，推进高水平制度型开放，推动人才规则、规制、管理、标准等制度型开放，率先试点人才自由流动、自由从业等领域开放制度、开放政策，积极推进更加便利的出入境、停居留和工作许可制度，降低海外人才工作、执业门槛，改善人才发展环境，提升人才开放层级、调整人才开放结构、促进人才制度创新、优化人才发展环境，让各类具有真学识、真本领的天下英才能够因为中国、能在中国共享机遇、共迎挑战、共创繁荣，让中国成为世界各类优秀人才施展才华、创业发展的热土，成为成就天下英才、实现自我价值、走向全球的起锚地、转折点。

（三）进一步强化政策创新

建设高水平人才高地，一方面，要充分发挥现有创新基础、资源禀赋和独特发展优势，聚焦于人才评价、“揭榜挂帅”、多元投入、基于知识价值的激励导向、精准服务等重点，抓紧建构具有全球发展视野、突出公正平等价值、激发创新创业活力、强调市场配置作用和政府有为作用、加快人才成长发展和价值实现的人才制度体系；另一方面，抓紧建立政府、市场主体、社会组织及人才个体等主体有效互动，共同推进人才发展的治理体系，让人才成为引领新时代发展的战略资源、关键动力、引领力量，让高水平人才高地成为海内外人才成长成功之地、事业成就之地、价值实现之地。

（四）进一步加强协同发展

要聚焦世界第六大城市群发展，抓住长三角高水平一体化契机，突出特色意识、长板意识、共同体意识，结合各地自身特质、独特禀赋、各自所长，集聚比较优势、竞争优势的人才，培育具有特色的人才集群，不断贡献长板、锻造长板、一同铸就更长长板，促进高质量发展。要加大改革力度，盘活区域内要素、资源，通过改革打破堵点、疏通关节、畅通循环、协同发力，建立更为顺畅高效、更能聚焦发力、更易激发活力的网络体系，探索区域科创协同机制，推动科技创新与产业发展深度融合，促进人才流动和科研资源共享，让各类要素更为顺畅地自由流动，更大程度激发人才活力、形成人才创新创造活力。

新时代上海科技人才发展现状与展望

祝 侣[1] 范 幸[2]

人才是推动高质量发展和高水平科技自立自强的基础性、战略性资源。党的二十大报告设专章指出，教育、科技、人才是全面建设社会主义现代化国家的基础性、战略性支撑。人才工作与人才强国战略被提升至一个更加突出的位置，为上海未来开创人才工作新局面提供了强大动力和战略指引。新时代，上海将进一步加大高水平人才高地建设，提升科技人才要素对经济社会发展的贡献水平，实现人才引领创新驱动、人才引领高质量发展、人才引领中国式现代化。

一、新时代上海科技人才发展主要成效

上海科技人才发展坚持以习近平总书记关于做好新时代人才工作的重要思想为根本遵循，牢固树立人才引领发展的战略地位，紧密围绕建设具有全球影响力的科技创新中心目标任务，在上海市委、市政府的坚强领导下，不断壮大科技人才队伍，深入推进以“激发创新活力”“放权松绑”为重点的科技人才发展体制机制改革，上海科技人才集聚程度不断提升、队伍结构不断优化，人才的创新贡献和价值实现不断增强，为建设具有全球影响力的科技创新中心提供了坚强的智力支撑和人才保障。

---

1 祝侣，上海科技管理干部学院研究员，主要从事人才、科技政策研究。

2 范幸，上海市科学学研究所助理研究员，主要从事科技人才研究。

（一）人才培育体系加速优化

优化整合人才支持计划和工程，初步形成以人才成长规律为根据、以项目为载体、以团队为支撑的层次分明、各有侧重、较为完整的科技人才培养体系。

稳步推进人才支持计划。相关人才计划为上海的科技人才高地建设培育大批杰出科技人才。2022 年，上海市曙光学者新入选 59 人，累计 1448 人；东方学者新入选 150 人，累计 1063 人；超级博士后激励计划新入选 760 人，累计 2435 人；东方英才计划领军项目（上海领军人才培养计划）累计 1739 人；优秀学术 / 技术带头人计划新入选 150 人，累计 2116 人；启明星项目新入选 200 人，累计 3465 人；东方英才计划青年项目（原上海市青年创业英才开发计划）累计 152 人；上海市青年拔尖人才开发计划累计 298 人；浦江人才计划（A 类和 B 类）入选 199 人，累计 2747 人；上海科技青年 35 人引领计划新入选 35 人，累计 70 人；上海杰出工程师 2022 年设立，入选 18 人。

青年人才队伍不断成长。上海历来高度重视青年科技人才培养工作。《2021“理想之城”——全球青年科学家调查》显示，对比全球 20 座科技创新中心城市，上海对 30 岁以下青年科学家吸引力全球最强、青年科学家创业动力全球最强，青年科学家对政府支持科技创新的满意度全球最强。2018—2020 年，上海青年科学家人均学术贡献排名在 20 城市的第 8 位；2012—2020 年，上海青年科学家成长速率排名第 6 位。

（二）引智引才力度持续增强

人才队伍国际化程度不断提高。创新外籍人才引留举措，推出外国人来华工作许可“不见面”审批 5.0 版，大力引进外国科技人才、优秀青年人才和急需紧缺人才，加快全球顶尖人才及其团队集聚发展。

开展外籍“高精尖缺”人才认定标准试点，进一步扩充外国高端人才（A 类）和外国专业人才（B 类）的认定范围，为来华工作相关业务开展提供相关便利措施。截至 2022 年底，全市共有外国科技人才约 1.1 万人。截至 2023 年 4 月，全市累计核发《外国人工作许可证》39 万余份，其中外国高端人才（A 类）7 万余份、A 类占比约 19%，集聚外国人才和高端人才数量均居全国第一。上海连续 11 年入选外籍人才眼中最具吸引力的中国城市。

高水平人才不断集聚。院士方面，至 2023 年 4 月，人事关系在沪的两院院士共有 172 位，占全国比例约 9.93%，上海长期排名全国第二。其中，科学院院士 97 位，占全国比例约 11.9%；工程院院士 75 位，占全国比例约 8.2%。上海地区外籍院士共有 14 位。近三届院士增选中两院新当选院士人数基本维持在 15 位左右，新增数均居全国第二。顶尖科学家方面，上海市积极与顶尖科学家建立学术联系，已成功举办五届世界顶尖科学家论坛，参会的诺贝尔奖、图灵奖和菲尔兹奖得主科学家合计共 233 人次。截至 2023 年初，上海已有中科院上海有机所、上海科技大学、复旦大学、上海交通大学、同济大学、上海大学等 10 余家高校、科研院所，聘用 23 位诺贝尔奖、图灵奖、菲尔兹奖获得者开展合作研究。

（三）人才体制机制逐渐完善

推动“引、育、用、评”人才发展体制机制改革，积极探索创新人才引进、评价、激励和考核机制，营造更为宽松自由的科研环境。

优化有利于人尽其才的使用机制。加大财政科技投入，重点支持基础研究、重大共性关键技术研究、社会公益性技术研究、科技成果转化等科技创新活动，优化完善经费投入和使用机制。优化科研管理体制，赋予科研人员承担项目技术路线调整的决策权，在内控健全、不突破劳务费总量的前提下，承担财政科研项目的单位可自主确定科研项目的劳务费发放标准。深入推进“基础研究特区”建设，在国内率先试点经费“包干制”，使科研人员经费使用更加灵活。适度提高科技事业单位专业技术岗位结构基准比例，高级专业技术岗位结构比例可视情况增加 1%—5%。支持科技事业单位为引进急需紧缺高层次人才设置特设岗位，不受本单位岗位总量、结构比例和岗位等级限制。建立岗位统筹配置机制和“双创”岗位扶持机制。

完善有利于竞相成长各展其能的激励机制。推动有关单位开展赋予科研人员职务科技成果所有权或长期使用权试点。优化科技成果转化机制，允许试点单位科研人员以其持有的不低于 10 年的职务科技成果长期使用权作价入股。积极争取国家科技成果转化税收优惠试点，允许高校、科研院所的全资资产经营公司按规定享受同等奖励分配、税收优惠政策。建立技术转移人才开发目录，加快壮大技术转移人才队伍和专业机构。将技术转移人才纳入市优秀技术带头人等人才计划选拔范畴，支持引进海外高层次技术转移人才，并纳入浦江人才计划。

推进科技人才评价改革试点工作。加强科技领域职称评审工作，健全职称制度体系，完善职称系列，补齐职称层级，实行分类评价。开通海外高层次留学人才专业技术职称评审“直通车”对引进的海外高层次留学人才，根据其学历、学术及专业技术水平，比照国内同类人员直接申报高级职称。对业绩突出、成果显著的优秀中青年专业技术人才，开辟职称评审“绿色通道”，可突破学历、任职资历要求，申报专业技术职称。

（四）人才成果影响力显著提升

原创性重大科技成果竞相涌现。上海科学家深耕基础科学及技术前沿领域，涌现了一批原创性重大成果，服务国家重大工程和任务。

上海科研人员参与完成了蛟龙、天宫、北斗、天眼、墨子和大飞机等重大成果，天舟三号及天舟四号货运飞船、神舟十二号和神舟十三号载人飞船、“羲和号”太阳探测卫星、祝融号火星车等国之重器蕴含着上海科技人的智慧，诞生全球首个体细胞克隆猴、全球首个节律紊乱疾病克隆猴模型、全球首例人工创建单条染色体的真核细胞、全球首次 10 拍瓦激光放大输出等一批国际领先“首创”成果。

国际高水平学术论文产出排名持续攀升。据统计，2021 年上海科学家在《自然》《科学》《细胞》三大国际顶尖学术期刊上发表论文共 107 篇，占全国总数的 29.8%，2022 年共发表 120 篇，国际论文的篇均被引次数长期处于全国首位；上海从事科研的“高被引”科学家从 2019 年的 47 人增长至 2022 年的 117 人，占全国 8.5%；上海获得国家科学技术奖数量连续 5 年全国占比超过 15%，近三年来获得一等奖数量占全国的 20% 以上，2020 年度首次同时获得“三大奖项”一等奖、实现“大满贯”。

二、新时代上海科技人才发展面临的形势挑战

当前，新一轮科技革命和产业变革突飞猛进，我国进入了全面建设社会主义现代化国家、向第二个百年奋斗目标进军的新征程。面对百年未有之大变局和世纪疫情的交织叠加，上海科技人才发展既面临难得的历史机遇，又面临严峻的挑战。

（一）国内外科技人才发展新形势

中美关系深刻变化对海外引才提出挑战。过去海外高水平人才引进中，美国是最主要的来源。近年来，美国白宫科学技术政策办公室、能源部、科学基金委、国立卫生研究院等部门或机构发布了一系列政策文件，对美中两国科技人才合作实施一系列限制和打压。美国反复

以挑战“西方价值观”抨击中国的科技和经济发展，并不断试图通过拉拢欧盟国家、依托四方安全机制、印太经济框架等手段要求各国形成合力，打压中国科技和经济发展，对敏感领域限制科技人员交流与合作。2022 年 8 月美国总统拜登正式签署《芯片与科技法案》，明确要对来自中国的人才计划严密防堵，设定了宽泛的认定标准，制定了严格的审查标准和程序，加大了对美国科技人才的管控。未来美国极有可能进一步联合主要发达国家共同压缩中国科技人才发展的空间。

国内人才“争夺战”加剧引人留人难度。根据《乘势而上　人才流动与迁徙报告 2022》显示，国内城市中的人才“争夺战”日趋激烈，杭州对人才的吸引力已经超越广州，与北京、上海、深圳共同站稳人才流入第一阵营。全国主要城市之间围绕人才队伍建设、人才自主培养、人才吸引政策和人才环境优化的科技人才集聚、发展竞争更加激烈。在大力招引培育人才方面，广东实施人才强省建设“五大工程”，湖北实施“楚天英才”计划，天津实施“海河英才”行动计划升级版，四川实施“天府峨眉”“天府青城”重大人才计划，辽宁实施“兴辽英才计划”和“百万学子留辽来辽”专项行动，江西实施“双千计划”重大人才工程等，创造条件吸引更多人才。在重点领域人才培养方面，北京支持企业与在京高校院所共建产教融合基地、特色研究院、交叉学科实验室，加快培养高精尖产业急需紧缺人才；江苏实施重点领域急需紧缺人才支持计划和产业链人才攻坚计划，发挥人才攻关联合体作用。在人才政策创新方面，江苏对持有“江苏省海外高层次人才居住证”主证的人才实施个人所得税奖励，粤港澳大湾区、海南自贸港对高端、紧缺人才实施个税补贴、个税免征等。

后疫情时代人才流动呈现新态势。2020 年初新冠肺炎疫情国际流行以来，对全球人才流动产生了显著的影响。一方面，由于中美关系紧张以及疫情以来亚裔安全问题凸显，华裔精英纷纷考虑回国。根据普林斯顿大学、哈佛大学和麻省理工学院的研究人员收集的数据，在2021年，有1400多名在美国接受培训的中国科学家放弃了在美国学术单位或企业的工作，转而回到中国，这个规模较2020年大幅增加了22%。国内的《新形势下海外高端人才回国意愿》调查发现，有69.6%的华裔高层次人才考虑回国发展。另一方面，受疫情影响，全球科技人才自由流动的便利化程度大大下降，科研人员尤其是留学生海外求职困难，一定程度上为上海提供了吸引人才的特殊机遇。2021年，上海引进留学归国人员约2.7万人，比2020年约2.2万人增加了超过20%。但同时，外籍人才在沪工作也受到疫情的显著负面影响。后疫情时代，世界银行发布的《全球经济展望》报告预测，由于新冠病毒和其他威胁，预计未来数年全球经济增长将显著放缓。同时，发达国家科技壁垒加深，诱发部分外资企业、研发中心外迁解散。全球政治与经济的不确定性正加剧外籍人才留沪发展压力。

（二）新时代上海科技人才发展主要瓶颈问题

对标建设具有全球影响力的科技创新中心和高水平人才高地的新要求，从上海积极代表国家参与全球科技人才竞争的使命担当来看，特别是对比全球顶尖城市，上海科技人才队伍的综合实力还存在差距，一些长期束缚科技人才创新创造活力的“绳子”还需要进一步松开。突出表现为以下几个方面的问题：

一是顶尖科学家群体仍然缺乏。虽然上海科技人才队伍近年来高端化趋势日益明显，但处于人才队伍“金字塔”塔尖的顶尖人才仍然规模不足、能级不够。从事重大原创理论、能引导前沿学科发展的顶尖科学家较少。根据科睿唯安最新发布的2022年度“高被引科学家”名单显示，美国仍然是全球顶尖科学家的集聚地，其高被引科学家人次全球占比高达 38.3%；中国内地排名第二，共有 1169 人次入选，全球占比上升为 16.2%，但与美国相比依旧存在较大差距。上海入选 117 人次，仅占全国 8.5%，全球 1.7%，与国际一流城市相比差距依然明显。在沪院士呈现出平均年龄逐步增高、学科分布不够均衡等情况。在年龄结构上，在沪科学院院士平均年龄 74.5 岁，工程院院士平均年龄 77.1 岁，均高于全国平均水平（72.5 岁、75.6 岁）；在沪 80 岁以上院士占比较高，共 92 位，占总数 50.3%。在学科分布上，生命科学、医学和生物医药两院院士共有 59 位，约占上海院士总数的 30%，而集成电路、人工智能、新能源等需要重点突破的产业领域院士数量较少，如工程院信息与电子工程学部仅有 7 位院士。

二是科技人才结构分布有待优化。青年后备人才成长性不足。上海自主培育博士生、博士后年龄层次的青年优秀人才能力与发达国家、先进地区相比还有较大差距。《麻省理工科技评论》“35 岁以下科技创新 35 人”榜单上，近三年内评选出的全球 105 位 35 岁以下优秀科技创新人才中，上海仅有 5 人入选。重点产业领域创新人才供给不足。据统计，集成电路、生物医药、人工智能三大产业“十四五”人才需求总量约 100 万人，而目前上海高校每年培养三大产业人才不足 2 万人。企业研发人员队伍的质量明显低于科研院所和高校。从平均水平来看，在企业的专业技术高中级人员比例仅为 48%，而研究机构和高校这个比例均超过 70%。此外，科技领军人才在企业内更是匮乏，迄今为止，上海企业入选科技部创新人才推进计划的创新创业人才规模在全国总量中仅约占 6.8%，入选国家“万人计划”科技企业领军人才的规模在全国总量中仅约占 5%。

三是激发人才创新的体制机制有待进一步突破。近年来，上海在人才体制机制创新方面取得了重要进展，发挥了良好作用，但目前仍有一些制度上的瓶颈问题尚未突破。科研事业单位的人财物管理“不自主”问题仍然存在。“有空编招人还需要提前申请”“科研机构专技岗位比例不能满足人才需求”“科研人员对绩效工资动态调整感受度不高”“科技成果转化处置权、收益权合规尽责口径不明”等困扰着用人单位和科研人员。人才评价“指挥棒”和“尺子”有待进一步优化。科学合理的团队评价机制有待进一步完善，对青年人才创新能力和未来发展潜力的评估方式缺乏。科技人才评价的“新标准、新方式”还不够健全。

四是科技人才综合生态环境尚需完善。人才生活、创业成本偏高。落户门槛高是近年来引进人才和留住人才的主要瓶颈之一。房价过高，人才难以解决安居问题，虽然上海出台了一些人才公寓、购（租）房补贴等政策，但远远满足不了人才的刚性住房需求。子女就学渠道满足不了高层次人才的多元化选择。办公、研发场地租金等创新创业商务成本较高，政府扶持措施力度有限，政策工具和手段有待丰富。国际化人才发展环境有待完善。与新加坡、中国香港等周边国际化程度较高的国家和地区相比，国际化人才生活的便利度、法制税收环境、语言文化环境等方面还存在着不小的差距。国际化的语言环境仍是主要短板，行政服务、公共服务等缺乏多语种支持和引导服务。

三、新时代推动上海科技人才发展的思路与对策

党的十八大以来，我们正加快推进由“人才优先发展”到“人才引领发展”再到“人才引领驱动”的新阶段。要实现高水平科技自立自强，归根结底要靠高水平创新人才。面对新时代的新任务新挑战，上海要充分发挥“海纳百川”的综合性开放优势，进一步对标国际最高标准和最好水平，实施更加体系化的科技人才引育举措，形成人才

国际竞争比较优势，着力打造科技创新人才“梦之队”，努力担负起国家战略科技力量主力军的使命与责任。

（一）坚持系统谋划，协同推进教育科技人才一体化发展

党的二十大报告首次将教育、科技、人才“三位一体”集中部署和系统谋划，为新时代加快建设教育强国、科技强国、人才强国指明了新的奋斗方向。教育是基础，科技是关键，人才是根本，三者有机统筹推进，才能系统地、最大限度支撑现代化国家建设。

加强战略统筹和部门协调。聚焦科技强国、教育强国、人才强国三个强国目标，三位一体推进实施科教兴国、人才强国、创新驱动发展三大战略，通过协同配合、系统集成，开辟发展新领域新赛道，塑造发展新动能新优势。优化政府部门分工，统筹考虑教育、科技与人才资源配置，建立跨部门联席制度，促进不同部门工作人员的流动和跨部门培养，在三者的良性互动、协调互促和衔接发展中更好地发挥“集成”功能，强化政策联动，提升创新整体效能。

形成服务高水平科技自立自强的人才自主培养体系。人才培养是教育、科技、人才一体推进的聚焦面、着力点。面向科技和产业需求培养人才，建立符合科技和产业需求的学科动态调整机制，形成多元分类的人才自主培养层次、体系、制度与课程。

加强人才链、创新链与产业链深度融合。坚持全球视野，集中优质资源，加强人才供给，从创新源头出发，培育更多专注于底层技术和硬科技研发的本土企业，加强覆盖科技企业成长全生命周期的梯队化培育力度，推动更多孵化企业成长为瞪羚企业、独角兽企业、龙头企业，形成领军企业为龙头、科技型骨干企业为支撑、中小企业茁壮成长的“金字塔型”科技企业梯队，形成企业创新人才的集聚地。

（二）坚持聚力突破，构建人才雁阵梯队体系

聚焦战略科学家、高层次领军人才团队、优秀青年人才和卓越工程师等关键人才，重点部署、合理布局，构建分类科学、层级清晰、保障有力的科技创新人才队伍。

提升战略人才力量竞争力。聚焦国家经济社会发展中的关键问题、科技攻关任务以及解决“卡脖子”关键核心技术难题，依托国家实验室、重点研发机构、大科学设施等平台载体、国际大科学计划和大科学工程，面向海内外重点招揽集聚战略科学家、高层次领军人才，实施具有国际吸引力的创新人才发展机制、具有国际竞争力的薪酬体系、能与国际接轨的人才评价制度。统筹已有引才聚才“品牌”，大力引进海外高层次人才。支持领军人才组建事业团队，落实首席专家负责制，促进人才在事业中成长。依托自贸区临港新片区、长三角一体化、虹桥国际开放枢纽建设等国家战略，放大世界人工智能大会、世界顶尖科学家论坛等溢出效应，建设一批国际联合实验室，打造国际化的科学家社区，着力成为新发展格局下辐射国内、联通世界创新网络的人才枢纽。

加快重点产业领域关键技术人才集聚。围绕集成电路、生物医药、人工智能等重点领域和前沿新兴领域，着眼产业创新发展中的应用基础研究、技术研发、关键环节技术攻关等重大需求，探索人才目录、岗位清单等引导机制，进一步优化人才支撑计划体系。瞄准高端芯片设计、先进制造工艺、核心装备、关键材料及零部件等，定向部署人才引进和培育计划，促进形成产学研联合培养、跨界使用人才的模式，塑造一批集成电路产业技术自主创新的领军人才，建立一批人工智能领域人才培育基地，打造生物医药产业人才高地，全力支撑“上海制造”品牌建设。

促进青年人才茁壮成长。探索建立面向未来的顶尖人才早期发现、培养、跟踪评价和激励机制，深化超级博士后计划，优化扬帆、科技启明星等青年科技人才项目体系，加大对优秀青年科技人才的支持力度、扩大覆盖面。创新青年人才培养模式，鼓励高校构建面向未来科技和产业创新发展需求的课程体系和教学模式，重点支持青年科技人才在新兴学科、边缘学科和交叉学科的研究。担任国家重大科技任务、重大平台基地、重点攻关课题负责人的青年人才要达到一定比例，在科研经费、团队建设、承担项目、实验室建设等方面提供稳定支持。

加强卓越工程师和高技能人才培养。深化工程教育改革，加大理工科人才培养力度。实施工程硕博士培养改革、卓越工程师培养重点专项、卓越工程师选调培养计划，强化产学研深度融合，着力培养具有突出技术创新能力，善于解决复杂工程问题的卓越工程师。构建行业企业为主体、职业院校为基础、政府推动与社会支持相结合的高技能人才培养体系。支持高校设立“新赛道”关联专业和学科，引进、培育“新赛道”发展所需的应用型、复合型人才。

（三）坚持破立并举，提升人才体制机制竞争力

加快推进科技人才体制改革攻坚，完善人才市场化配置机制，充分释放人才创新活力。

实施更加灵活的人才使用制度。探索建立更加体现知识价值、更加灵活、匹配国家实验室和新型研发机构等特点的人才管理与使用制度。在人事管理、岗位设置、收入分配、绩效考核等方面进一步对科研类事业单位“松绑”“解绑”。赋予科研人员更大的人财物自主支配权，探索科研经费“包干制”“负面清单”等管理模式，简化预算编制，取消科研项目经费的科目限制，实现科研经费自主使用。充分发挥人才在重大科技任务中的主导作用，推动重大科技项目立项“揭榜挂帅”“军令状”“赛马制”等创新机制。

加快推进人才分类评价改革。确立以创新价值、能力、贡献为导向的评价体系，建立兼顾长期与中短期目标、注重第三方评估和国际同行评价的评估考核机制，落实“破四唯”“立新标”人才评价改革。优化科技成果转化人才评价机制，支持高校、科研院所将科技成果转化作为科研人员职务晋升、职称评审、绩效考核的重要依据。

深化人才激励机制改革。加快价值导向分配制度建设，实行年薪制、交叉任职制等，建立与能力、贡献相一致的薪酬待遇体系，充分发挥薪酬的激励导向作用，激发科技人才活力。在科技事业单位中开展绩效工资制度改革试点，对国家“万人计划”“百千万人才工程”和享受国务院特贴专家、列入国家或本市海外高层次人才计划专家、上海领军人才等，开展绩效工资总量单列试点。优化科技成果转化激励机制，支持在沪高校院所开展科技成果所有权、长期使用权试点。

（四）坚持需求导向，营造良好人才生态环境

聚焦人才发展需求，努力营造优秀人才自由涌现、兴业发展和近悦远来的人才生态环境，努力提升一流人才承载力和包容性。

实施更加便利、更加开放的人才政策。持续推动张江国际人才试验区建设，促进自贸区新片区人才出入境、税收等新政在更多区域推广试点或实施。积极营造国际化的外国人才服务环境，优化部门间协同联动，打破属地化管理瓶颈，各职能部门与用人单位间可利用“外国人工作许可”终身一号制优势，通过“一网通办、一网统管”落实数字化管理，在国家政务平台探索跨省管理；针对高端外籍科技人才提供更加完善的生活配套服务和入境便利化通道。

加强人才服务保障，解决人才发展“后顾之忧”。加快实施与上海经济社会发展相适应、与引才留才需求相协调的人才安居工程及租房支持政策，创新人才住房保障制度，加强土地指标统筹，支持租赁住房专营机构通过市场化方式，为重点发展产业的规模企业定向设计改建方案，集中供应，提供改建运营补贴，降低成长性青年人才的居住成本；完善人才服务体系，为人才享有品质生活、感受上海城市温度、增强归属认同感提供坚实保障。

打造宜居宜业宜创的高品质人才社区。在人才、科技、产业高度集中区域，建设一批高品质人才社区，围绕服务创新主体需求，打造“15 分钟创新生活圈”，布局食堂、商超、咖啡店、健身房、图书室、托幼点，提高创新创业主体生活品质。提升人才社区国际化水平，加快国际学校、国际医院以及涉外服务功能的文化、体育、商业等生活设施配套建设。

加强科研诚信和学风建设，营造有利人才成长的创新氛围。坚守学术道德和科研伦理，探索建立人工智能、机器人、细胞与基因等新兴科技领域伦理风险评估和审查制度。加强科研诚信建设，建立统一科研单位及个人信用信息数据库、健全科研诚信奖惩机制、构建科技项目信用评价机制。推动建立容错机制，健全容错司法环境，充分发挥媒体的舆论导向与监督作用。在新时代人才创新教育中注入艰苦奋斗、争创一流的精神气质，激发时代新人精神共鸣和历史使命感。

第二部分

专题研究

上海科研院所年轻干部特点及培养模式研究

张艳林[1]　李　媛[2]　顾玲琍[3]

发现培养选拔优秀年轻干部，是加强领导班子和干部队伍建设的一项基础性工程，是关系党的事业后继有人和国家长治久安的重大战略任务。习近平总书记强调，培养选拔优秀年轻干部是一件大事，关乎党的命运、国家的命运、民族的命运、人民的福祉，是百年大计。科研院所是上海科创中心建设的主力军，加强科技领域干部队伍建设，培养一大批能够把党和国家科技战略贯彻落实好的组织型人才，成为领导科技工作的行家里手和科研人员的知心人，是当前需要重点关注的问题。

一、习近平总书记关于年轻干部培养的重要论述

习近平总书记对当前年轻干部培养工作的论述，思想深邃，内涵丰富，对新时代应该培养选拔什么样的年轻干部这个重大课题作了深刻阐述，体现了鲜明的问题导向和战略思维。

（一）政治上：对党绝对忠诚，把握正确政治方向

对党忠诚，是年轻干部首要的政治品质。习近平总书记旗帜鲜明地指出："我们挑选优秀年轻干部，千条万条，第一条就是看是否对党忠诚；我们培养优秀年轻干部，千条万条，第一条就是教育他们对

1　张艳林，上海科技管理干部学院书记，主要从事科技人才、科技党建研究。
2　李媛，上海科技管理干部学院助理研究员，主要从事科技人才、科技党建研究。
3　顾玲琍，上海科技管理干部学院研究员，主要从事科技人才、科技党建研究。

党忠诚，坚决防止政治上的两面人。”在庆祝中国共产党成立 100 周年大会的讲话中，习近平总书记把对党忠诚作为伟大建党精神的重要构成部分提了出来，把对党忠诚的认识提升到新的高度。此外，习近平总书记指出了对党忠诚的明确检验标准：“检验党员干部是不是对党忠诚，在革命年代就要看能不能为党和人民事业冲锋陷阵、舍生忘死，在和平时期也有明确的检验标准。”这个标准体现在：年轻干部必须把握正确政治方向。正确的方向是努力的前提，正确把握政治方向，就是坚持中国共产党领导和中国特色社会主义制度。

（二）思想上：理论水平高超，拥有过硬党性修养水平

理论修养水平是年轻干部能力的重要体现。习近平总书记指出：“年轻干部要刻苦钻研马克思主义基本原理特别是新时代党的创新理论成果，努力掌握蕴含其中的立场观点方法、道理学理哲理，做到知其言更知其义、知其然更知其所以然。”优秀年轻干部要有高水平理论修养，自觉用习近平新时代中国特色社会主义思想武装头脑，做到理论与实践相结合，用马克思主义的立场观点方法分析和解决问题。党性修养是年轻干部所追求的最高修养。党性作为政党的本质属性，是所有修养中要求最高的修养，年轻干部应把党性修养放在最高位置，将个人道德修养与党性修养统一起来。提高年轻干部党性修养是一个系统工程，包括加强理论学习、做到实事求是、勇于自我批评、坚持原则、勇于担当、敢于斗争等各方面。

（三）能力上：修炼内功本领，拥有过硬政治能力

习近平总书记指出：“如果知识不够、眼界不宽、能力不强，就会耽误事。”对此，习近平总书记紧扣时代脉搏，对年轻干部寄予期许，希望他们能够沉下心、下苦功、练真功。因为年轻领导干部的成长，需要过硬的本领保驾护航。习近平总书记特别强调干部特别是年轻干部要提高七种能力，即政治能力、调查研究能力、科学决策能力、改革攻坚能力、应急处突能力、群众工作能力、抓落实能力，并把政治能力放在第一位。拥有过硬政治能力，体现在拥有较强政治判断力、政治领悟力、政治执行力，必须加强政治历练，敬畏政治纪律，严守政治规矩，严肃党内政治生活，做政治上的"老实人""明白人"。

（四）组织上：服从组织安排，坚决执行组织决定

年轻干部要做到服从组织安排。服从组织安排是中国共产党人必须遵循的基本原则，没有任何例外，没有任何特殊。年轻干部无论什么时间、什么场合，都要无条件服从组织安排，这是一条必须遵守的原则。习近平总书记强调："组织上安排年轻干部去艰苦边远地区工作，是信任更是培养，年轻干部应该以此为荣、争先恐后。"年轻干部要做到严格执行组织决定。执行组织决定和服从组织安排相互影响、相互促进。年轻干部相对工作经验不够丰富，工作资历尚浅，存在某些时间、某些场合不理解组织安排、不坚决执行组织决定的情况。出现这种情况时，年轻干部要学会在符合组织原则和组织纪律的前提下积极主动与组织沟通交流，多思多想，切忌采取对抗组织、消极怠工的错误行为。

（五）作风上：践行群众路线，发扬担当和斗争精神

年轻干部必须践行党的群众路线。群众路线是党的传家宝，优秀年轻干部必须牢记全心全意为人民服务的根本宗旨，牢固树立以人民为中心的价值导向，真正做到想群众之所想，急群众之所急，解群众之所难。年轻干部要发扬担当和斗争精神。习近平总书记把敢于担当看作年轻干部必备素质，指出："坚持原则、敢于担当是党的干部必须具备的基本素质。'为官避事平生耻。'担当大小，体现着干部的胸怀、勇气、格调，有多大担当才能干多大事业。"习近平总书记强调：

“只有全党继续发扬担当和斗争精神，才能实现中华民族伟大复兴的宏伟目标。担当和斗争是一种精神，最需要的是无私的品格和无畏的勇气。”担当和斗争是一种责任，也是一种格局，年轻干部要想担大任成大事必须发扬担当和斗争精神。

（六）纪律上：坚持原则，守住守牢拒腐防变防线

坚持原则是优秀年轻干部的重要品格。原则问题是不能含糊、不能退让的问题，年轻干部必须在工作中做到大公无私、秉公办事。坚持原则是恪守纪律的重要表现，习近平总书记指出：“坚持原则是共产党人的重要品格，是衡量一个干部是否称职的重要标准。……在原则问题上决不能含糊、决不能退让，否则就是对党和人民不负责任，甚至是犯罪。”年轻干部在成长过程中，会遇到譬如权力、金钱等考验，倘若没有坚持原则，就会陷入泥潭，甚至越陷越深。越到关键时刻，对坚持原则的考验就越大，因此年轻干部必须时刻坚持原则，守住底线。年轻干部要守住守牢拒腐防变防线。腐败问题影响恶劣，对党和国家事业发展具有严重的阻碍作用。年轻干部必须牢记清廉是福、贪欲是祸的道理，守住守牢拒腐防变防线，守住政治关，守住权力关，守住交往关，守住生活关，守住亲情关，做到层层设防、处处设防。

二、上海科研院所年轻干部的基本特点和培养现状

近年来，上海市科技工作党委将年轻干部培养选拔作为一项战略性任务，秉承“有正气有本领有作为”的鲜明用人导向，着力加强年轻干部多渠道、开放式、全方位的培养锻炼机制，着力践行“让有正气的干部有劲头、有本领的干部有干头、有作为的干部有奔头”的工作准则，着力打造具有“山海铁火”精神的高素质专业化科技干部队伍，整体干部队伍建设与科技事业发展呈现良好的态势。

（一）上海科研院所年轻干部的基本特点

本次调查共获得203份有效问卷，样本覆盖面全面、广泛，受调研者的就职单位涵盖了机关单位、中央在沪科研事业单位、市属科研事业单位、新型科研机构、央企在沪单位等多种机构，调研对象任职岗位也包含了从班子成员、中青年干部、组织人事部门人员到优秀年轻干部等各个层次。总体看，相较于其他领域行业，科技系统年轻干部呈现以下四方面鲜明的特点：

一是结构较为优化，梯次配备明显。科研院所年轻干部呈现年轻化、高学历的分布状态，梯次配备较明显，特别是30至45岁年龄段的处级领导干部比例逐年上升，成为推动科技事业发展的中坚力量，一些"80后""90后"处级干部开始崭露头角。学历高、相比其他系统更加年轻是科技系统年轻干部的第一位优势，这是科技系统的行业特征和事业发展所决定的。受访者中研究生学历占比达73.89%，36—45岁比例达69.46%，具有中级以上职称的有35.93%，其中高级职称占比达26.79%。

二是政治素质高，具有很强的家国情怀。科技干部直接从事为国家战略任务服务的科研管理，在工作中能做到坚决拥护党的路线方针政策，"四个意识"强，坚守国家利益高于一切的核心价值理念，热爱本职工作，事业心强，有大局观念，舍小家为大家，敢于攻坚克难，勇于奉献。从党派情况看，中共党员占有较大比例，约为85%。其中正处级岗位中，中共党员占90%；副处级岗位中，中共党员占91.04%；无行政职级干部中，中共党员占75.7%。体现出"政治站位高，服务国家战略需求，立足国家科技发展，组织观念、大局意识较强"的特点。在访谈过程中，党员年轻干部表现出对从事国家科技创新事业有由衷的自豪感，针对"是否愿意到地方的科研机构与科技创新岗位上发挥作用”等问题，绝大多数党员年轻干部都表示，如果能在所从事科研领域发挥更大作用，只要是国家需要、组织安排，愿意到地方科研岗位工作，体现了较好的组织观念与大局意识。

三是有较强的专业背景，视野开阔。善于学习，普遍有较高的学历层次与专业知识背景，大多数有海（境）外留学工作经历，视野开阔；长期从事科研工作，善于接受新事物、新技术，创新思维能力强；上海科研院所年轻干部以理工科为主，专业知识强、知识结构比较完善，且思维活跃、敢于创新。调研对象的专业背景大多集中在理工农医科，占56.65%，有一半以上（56.99%）曾工作在科研一线工作岗位。

四是有较强的管理能力，适用面宽。思维缜密，有较强的独立思考和科学谋划能力，善于宏观管理，善于统筹协调，善于把握大局，适应性和可塑性较强。在成长过程中经过复合经历锻炼，即经历过党务管理、科研生产、行政管理复合经历的年轻干部占总人数的54%，有的干部有跨单位跨系统或跨省市挂职锻炼的经历，有的兼具科研、市场、管理等多岗位经历。近年来，科技系统向其他党政机关、高校、企业等输送了大量优秀人才和年轻干部。

（二）上海科研院所培养年轻干部主要做法

注重政治标准，系统谋划，科技干部队伍结构进一步优化。一是坚持党管干部原则，全面落实选人用人责任。提高站位抓落实，坚持组织路线服务政治路线这条生命线，对标习总书记视察上海提出的三项任务，对标上海科创中心建设和科技事业发展的目标、要求和任务，上海市科技党委先后组织开展优秀年轻干部工作调研和领导班子调研等，不断加强优秀年轻干部人才库建设，并适时动态管理。制定《关于进一步加强上海市科技系统领导班子建设的实施意见》，明确班子中年轻干部的配备比例，从全局和战略高度谋划领导班子和年轻干部队伍建设。二是突出政治标准，始终坚持正确的选人用人导向。结合市科技系统实际，树立“有正气有本领有作为”的鲜明用人导向。注重选用在科创中心建设中善于谋划、勇于担当、敢于创新，有实绩、出实效的干部。注重在“重大工作、重要关口、关键时刻”考察识别干部，在承担急难险重任务过程中了解年轻干部政治素质和政治表现。注重把看得准、有潜力的优秀年轻干部，放到重要、吃劲岗位加压培养，一批年轻干部成为推动科技事业发展的中坚力量。

坚持政治历练，实践锻炼，攻坚克难的能力进一步提升。一是打造年轻干部“三跨”交叉培养大平台。市科技党委启动年轻干部“跨单位、跨系统、跨条线”(简称“三跨”）的岗位交叉培养专项工作，每年精心遴选优秀年轻干部到张江实验室等一线科创主战场和杨浦、徐汇、松江等重要承载区开展岗位锻炼。三年中选派 67 人次参加岗位交叉培养，多名干部快速走上了领导岗位。各院所也结合自身实际开展了多项实践探索。如高研院向外推荐挂职，委派年轻干部到中央部委、地方政府、兄弟院所交流任职；上海科学学所选派干部到国家科技部、国务院发展研究中心等部门挂职锻炼；上海药物所推荐年轻干部前往市妇联、科创办、浦东新区经信委锻炼，推进分院机关与研究所青年干部双向挂职锻炼。二是坚持在艰苦复杂环境中蹲苗壮骨。引导年轻干部投身科创中心主战场，在推动出台“科改 25 条”及配套细则、深化科技体制改革、推进张江国家科学中心建设、促进科技成果转化等主战场中，经风雨、壮筋骨、长才干。近年来，系统内外共交流干部 60 余人，共选派 19 名同志到科创中心承载区、功能性平台等科创功能区域工作，选派 50 名同志到对口支援地区、中组部博士服务团、市委组织部驻村服务、临港新片区、驻外使领馆以及本市巡视、信访等环境艰苦、情况复杂、矛盾突出的一线进行历练。各科研院所也非常重视在关键岗位锻炼年轻干部，如上海药物所支持青年干部参与国家重点实验室重组工作，参与研究所发展战略、学科规划的研究制定，把青年干部安排到重要岗位锻炼；上海计算机软件中心把人才培养作为“基础工程”而建立的长效人才培养机制，包括青年科技人员带教培养计划和青年科技英才“软件中心扬帆计划”；上海药物所把新星计划C纳入青年理论学习小组，出台了年轻干部培养蓄水池工作方案。

坚持创造条件，培养历练，富于创造勇于担当的氛围进一步形成。一是探索院地深度合作的“科联体”新机制。结合科技创新规律和科研院所发展实际，按照研究领域相近、业务范围互补、创新链和产业链相关联等原则，搭建了中央在沪院所与市属转制研究所的协调创新与人才交流的新平台（简称“科联体”），推动6家单位形成互派年轻干部交叉培养锻炼的良性发展机制。近年来，共选派7名干部到对口单位进行交叉培养，增进了对口单位业务的深度融合。二是加强培训教育不断提升干部综合能力素质。统筹资源开展科技干部政治理论与专业素质大培训。制定并落实《2018—2022年市科技系统干部教育培训规划》，近三年，先后组织专题培训近百场，累计培训6000多人次。重点办好领导干部专题研讨班、党委书记班、系统中青年干部培训班、青年英才班等各类主体班次。通过实践锻炼和专业训练，着力打造高素质专业化科技干部队伍。各科研院所在年轻干部培养方面也做了多样化探索，如上海高研院立足“党校学理论、结对学经验、实践获历练”的年轻干部教育培养机制，开展有针对性的教育培训；上海地震局加强干部教育培训，广泛开展理想信念、党性修养、政治理论教育，开展有针对性的业务能力提升培训，定期组织开展领导干部履职能力培训和全员能力提升综合培训等。

同时通过调查和访谈发现，当前上海科研院所在年轻干部培养方面还存在一些矛盾和问题，与上海科技系统承担的使命不相适应。受访者认为，高层次创新复合人才缺乏（43.84%）、缺乏培养选拔系统规划（42.86%）和发现培养选拔制度不完善（30.05%）是当前培养选拔年轻干部最突出的问题，而总量不足、年轻干部队伍存在断档（41.87%）和年轻干部培养选拔机制不健全（27.09%）是干部队伍建设的主要瓶颈障碍。

三、上海科研院所年轻干部培养模型

基于科研院所年轻干部的特点分析，综合课题研究组开展的面向上海科研院所年轻干部调研分析，概括科研院所年轻干部培养模式为“双线并行，双力驱动”，如图 1。

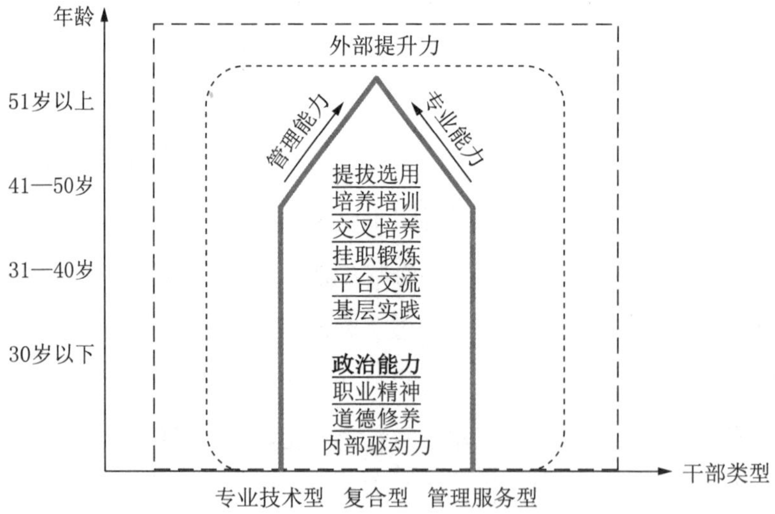

图 1　上海科研院所年轻干部培养模式

（一）双线并行

科研院所年轻干部成长路径之一是专业技术和管理服务“双线并行”，有不少领导是从科研院所的专业技术岗位上脱颖而出走上管理岗位的，如新当选第二十届中央候补委员的李儒新院士，就是从上海光机所的研究员岗位成长为优秀领导干部的。问卷显示，被调研的年轻干部有一半以上（56.99%）曾工作在科研一线工作岗位，专业技术干部和管理服务干部比例为 1.12∶1。

无论从事何种岗位工作，科研院所年轻干部学识背景以理工科为主，56.65% 的被调研年轻干部专业背景大多集中在理工农医科。绝大部分年轻干部专业知识强、知识结构比较完善，且思维活跃、敢于创新。当 31—40 岁被首次提拔为干部（72.04%）后，专业技术型干部注重提升管理能力，管理服务型干部注重加强专业能力，逐步成长成熟为复合型干部。

科研院所年轻干部培养周期短，晋升较快，表明干部个人发展与党和国家科技创新事业联系越紧密，发展越迅速；个人发展与院所需要的工作职责越吻合，发展越显著。

（二）双力驱动

科研院所年轻干部成长路径之二是内部驱动力和外部提升力“双力驱动”，练好内功是年轻干部的自我成长管理的基石，强化外功是组织培养选拔监督管理的阶梯。

强化内部驱动力，一是确保政治能力过硬。科研院所重要国家战略科技力量，承担科技创新战略使命任务，首要是政治坚定使命导向，认真贯彻落实党和国家的战略任务，确保方向正确路线正确。二是提升道德修养。对于科研院所年轻干部来说，良好的道德修养是保持政治坚定的思想基础，也是成为优秀领导干部的首要素质。离不开持续的政治理论学习，离不开自我道德修养的提升和完善。三是秉承职业精神，做到业务精湛。年轻干部在不同阶段处理不同事务中，忠于职业忠于岗位，努力提升不同的专业能力，在思想上、工作上和生活上严格要求自己，以身作则、率先垂范，端正新时代党的作风。

组织外部提升力，一是压重担，注重关键岗位锻炼。关键岗位任务比较重，是干部成长的重要阶梯，对年轻干部的成长具有催化作用。问卷调查显示，有 64.04% 的年轻干部认为，重要工作岗位、艰苦环境岗位实践锻炼是年轻干部获得培养锻炼的最佳途径。二是搭平台，强化不同层面交流。交流任职不仅可以全面锻炼年轻干部，使其丰富经历，而且可以防止有的干部因岗位单一而产生的思想僵化、行动钝化。三是重投入，设立计划提升能力。科研项目是科研院所开展各项工作的重要载体，通过实际的经费投入，为年轻人提供第一桶金，助力年轻干部的迅速成长。四是强培训，加强多种形式学习。“干部要成长起来，必须加强马克思主义理论武装。”习近平总书记强调，在学习理论上，要舍得花精力，全面系统学，及时跟进学，深入思考学，联系实际学。问卷调查显示，加强理论和业务培训是年轻干部获得培养锻炼的最佳途径（41.87%）。

四、优化科研院所年轻干部培养的思路建议

（一）前瞻布局，强化担当，年轻干部队伍与科技战略落实同推进

一是编制中长期发展规划，统筹推进科研院所年轻干部队伍建设工作。从全局、长远角度出发，强化前瞻性布局，加强顶层设计，将培养选拔年轻干部作为科研院所的重点工作来抓。二是明确培养选拔优秀年轻干部的目标任务。各科研院所要坚持合理配置、突出重点，使年轻干部数量规模更加科学合理，实现科研院所选拔配备年

轻干部工作常态化。明确年轻干部发现培养选拔工作的路线图、任务书、时间表，前瞻布局年轻干部规模数量、年龄结构以及发展方向，确保年轻干部培养选拔工作有组织、有计划、有步骤地向前推进。

（二）把握规律，后继有人，年轻干部培养与科研素质本领同增长

一是健全科研院所优秀年轻干部持续发现机制。在合理使用好各个年龄段干部的基础上，坚持打破层级，在更大范围、更深程度不断加强对年轻干部的战略性发现，坚持集中调研和日常了解相结合，定期集中发现、战略储备一批优秀年轻干部，结合干部考察、年度考核、谈心谈话等日常工作，多层次、多渠道了解年轻干部情况，做到存量优化、增量补充相统一。二是创新科研院所优秀年轻干部多元培养机制。针对不同类型干部成长规律和年轻干部成长需求，分层分类实施精准培育，通过丰富培训方式，提升培育的效果性，着力提升干部综合能力素质。

（三）科学评价，合理激励，年轻干部任用与战略任务部署同调整

一是建立定期跟踪考核机制。对年轻干部日常表现进行日常跟踪了解，定期开展思想状况分析，建立健全谈心谈话制度，及时肯定鼓励、提醒纠偏。二是加大干部交流使用力度。在注重年轻干部专项培训培育的同时，更注重岗位的锻炼培养成长，并对列入重点培养的年轻干部，可采用上级选定和单位选派相结合方式，定向派送到相关单位交叉培养，提升多岗位锻炼及轮岗培养的实效；对综合素质优秀、发展潜力大、履职业绩突出的年轻干部，可采取上跨一级的方式，到一线关键重点岗位或重大战略任务承担部门交流任职；鼓励专业行业相近或互补的中央在沪单位和市属地方单位签订长期干部交流交换协议，共同推动双赢发展。

（四）营造环境，优化生态，年轻干部成长与保护激发活力同推动

创造有利于年轻干部成长的优质“生态环境”，促使其充满活力、履职担当并茁壮成长。一是要关注关心年轻干部。在建立领导干部联系年轻干部常态化制度化机制的基础上，建立健全老同志对年轻干部的传帮带机制，聘请有经验的科研院所老同志联系带教年轻干部，跟踪“789”“五个一批”遴选干部，加强思想引领，帮助完善工作方法，及时指正错误，搞好传帮带。二是要对年轻干部容错纠错。注重加强鼓励年轻干部担当作为的工作制度机制建设，客观评估年轻干部在干事创业过程中的失误与偏差，保护和激发年轻干部的积极性和创造性，培育敢于担当的良好干部文化。三是营造氛围，加强社会舆论正面引导。做好对科研院所优秀年轻干部和青年科学家精神的宣传工作，为年轻干部搭建展示平台。引导年轻干部树立正确的培养选拔使用观念，加强选拔年轻干部的舆情应对，排除误解和非议，切实为年轻干部培养选拔担当作为营造良好的政治生态和人文环境。

新形势下海外科技人才流动态势与上海引才趋势建议

李　敏[1]　王敬英[2]　潘泓晶[3]　顾玲琍[4]

2010 年至今，我国加快了从海外引进科技人才的步伐并取得了较好效果，海外科技人才流动与引进呈现新态势。研判国际形势的各种不确定性，分析上海近年来海外引才的趋势特征，对标上海“十四五”发展目标要求，提出海外科技人才引进策略、路径等对策建议，对建设世界高水平人才高地，引领创新发展具有非常重要的意义。

一、新形势下全球科技人才流动的基本态势及特点

习近平总书记指出，创新驱动实质是人才驱动，人才是创新的第一资源。人才要素的自由流动和有效配置是国家创新体系开放的重要特征。新时代、新形势下我国科技和产业的高水平发展呼唤更多有国际视野、国际前沿科研水平的人才，面对日益复杂的国际形势带来的挑战，探索科学、可操作的引才路径，完善国际人才的数据信息网络，不断健全海外人才跨国流动机制，打造有序稳定的海外引才用才政策环境和生态，是实现民族振兴、赢得国际竞争主动的先决条件。

（一）全球科技人才流动面临的新形势

一是全球科技发展呼唤科技人才流动。全球各国从战略层面展开科技人才的争夺。人才是创新的根基，科技人才被看作国家最重要

1　李敏，上海科技管理干部学院副书记，主要从事科技人才研究。

2　王敬英，上海科技管理干部学院副研究员，主要从事科技人才、创新政策研究。

3　潘泓晶，上海科技管理干部学院助理研究员，主要从事科技人才、科技外交研究。

4　顾玲琍，上海科技管理干部学院研究员，主要从事科技人才、创新政策研究。

的战略资源，科技创新人才成为大国竞争的关键所在，人才优势代表着科技优势、产业优势和竞争优势。全球高端科技人才跨国流动频率不断加快、规模日益增大，加大力度培养和引进高端科技人才成为各国赢得国际竞争优势的战略抉择。随着全球科技竞争更加激烈、格局日益复杂，各国从战略层面进一步加大了对科技人才的争夺，通过调整政策、策略，吸引更多的科技精英参与新一轮的科技革命和产业变革。

二是中美贸易争端影响科技人才流动。中美战略竞争态势加剧，两国的科技创新竞争贯穿于制度、经济、军事竞争的方方面面。“贸易战”其实是“科技战”，也是“人才争夺战”，主要是争夺科技创新和高科技发展的主导权和控制权。2017 年 8 月，美国对华展开“301 调查”。2018 年 3 月，美国根据“301 调查”结果，时任美国总统特朗普签署备忘录对中国进口的 600 亿美元商品加征关税，涉及信息通信、电子技术、航空航天和生物医药等高科技领域。同时，限制中国企业在美国投资并购，中美正式拉开了贸易摩擦的序幕。2019 年 8 月，特朗普政府宣布提高对约 5500 亿美元中国输入美国的商品加征关税的税率。2021 年 1 月，拜登政府在延续对华“脱钩”政策的基础上，通过系统化立法，把提升自身创新能力和遏制中国的政策措施法律化，科技政策大有愈演愈烈之势。美国对华人才政策也发生巨大转变，出台了一系列人才限制或封锁政策，贸易战叠加人才战、科技战愈演愈烈。在移民政策方面，美国对华未来 10 年内绿卡每年的发放数量由 100 万降低至 50 万，减少了 50% 之多。同时用“积分系统”取代原来的移民体制，提高了技术移民的门槛，使得海外人才留美的难度大幅度提高。“人才安全”成为人才流动的战略新关注。当前国际引才环境极其复杂，“中美贸易摩擦”聚焦到科技人才竞争博弈，目的在于阻碍顶尖人才流向中国或赴美交流。在留学生培养方面，美国政府限制中国学生在高科技前沿领域的留学申请，航空、机器人等领域留学签证由5年变为1年；限制中国学生获取数据、资料，限制参加实验及学术会议；增加中国留学生在美就业困难。

三是西方发达国家政策策略影响科技人才流动。西方发达国家普遍开始收紧人才自由流动政策。2017年以来，美国、新加坡、澳大利亚等相继通过申请限制、移民积分、废除已有工作签证、收紧技术移民规模等多种方式，限制技术移民。2017年初，新加坡再次收紧了技术移民政策，为本国年轻人留出发展空间的立场。2017年4月，澳大利亚宣布废除457工作签证项目，限制技术移民，以优先保证澳大利亚本地人的就业和生活。同样在2017年8月，美国总统特朗普明确表示支持《美国移民改革强力经济法案》(*Raise Act*)，仿效加拿大和澳大利亚的"移民积分制"，全面提高技术移民的门槛，同时，废除"绿卡抽签系统"，中国台湾、香港等地将不再享受"特殊关照"。此外，美国政府还通过政策、法案限制华人留学、科研等行为。西方发达国家率先启动以人才数据为基础的新型人才争夺战，并已形成一定的垄断态势。

（二）全球科技人才流动的新态势

一是科技人才流动的国际化程度不断提高。在经济全球化的国际背景下，国际人才的竞争越发加剧国际人才的流动。在当下全球化和逆全球化力量角逐的背景下，跨国人才流动是各国的趋势。不少高水平的科技人才采取阶段性流动的方式，每年可以为非所在国工作一定时间，如合作研究、访问学者等短期入境的科技工作模式。这种模式不改变科技人才的所属国别，同时基于科研工作的需要开展合作研究，一定程度上既有利于科研交流又有利于工作的高效开展。此外，国际化大型科技公司遍布全球的研发部门也加速了科技人才的流动和产业链的进一步整合。

二是发达国家依然对科技人才有较强的吸引力。当前，全球科技人才流动的总体趋势依然是从发展中国家流向发达国家，美国依然是全球科技人才流入的第一目的地国家。根据联合国教科文组织统计数据，仅从 2017 年的数据来看，以美国为留学目的地的占比最高，约占全球留学生总量的四分之一。全球范围而言，美国是国际留学生的首选地，其占比超过第 2 名的英国两倍还多。根据国际移民组织（IOM）发布的《世界移民报告 2020》（World Migration Report 2020），2019 年全球跨国移民人数为 2.72 亿，占全球总人数的 3.5%。全球超过一半的移民（1.41 亿）在欧洲和北美生活。印度（1750 万）、墨西哥（1180 万）和中国（1070 万）成为三大移民来源国。美国成为全球第一移民目的地国家，共有 5070 万国际移民（据 2019 年数据测算）。为了抢占未来发展的战略制高点，世界各国加紧制定和实施新的人才战略。西方发达国家抢先一步，纷纷调整其人才策略，加大对他国创新创业人才的引进，其措施力度前所未有。发达国家（地区）依托先发优势，有效融合资本、技术、信息、市场，大力加强科技人才集聚和开发。他们的主要做法包括：瞄准高端技术人才制定技术移民政策；以全球顶尖平台吸引全球高端人才；通过留学生政策吸引未来可期的人才；加大对本族裔海外人才回流为国效力的力度等。如美国重视体制机制保障与政策、服务创新，通过移民、签证等法律和规定的改革，积极拓宽人才引进通道，通过发展事业平台、提供优质环境等针对性政策，创设对人才更强的吸引力。欧洲等国继续加大对全球科技人才吸引。2000 年后，欧洲推出了“欧洲研究区”（European Research Area，ERA）计划，有效促进了人才在欧洲内部流动。2007 年，推出了“蓝卡”计划，“蓝卡”持有者与接收国国民一样享受社保、就业和薪资等方面的待遇和权益。澳、加、日等国家移民计划成为全球科技人才的关注点。加拿大通过积分制筛选引进人才。通过对个人能力、学历、技术专长、职业经历和语言熟练度等进行打分，引进符合国家发展需要的人才。除了联邦制定的技术移民政策外，“省提名计划”赋予各省根据自己的具体情况制定移民标准，促成各省人才供需对应。同时，为了弥补积分制不能及时反映就业市场需求的不足，加拿大通过紧缺职业清单制度，不断更新紧缺职业清单，以补充劳动力市场最为急需的人才。

三是高端科技人才流动呈多元化方式。根据不同的科技领域，高端科技人才流动呈现多元化方式。具体到不同领域，科技人才的流向日益呈现多元化趋势。不同领域的人才不再局限于单方向和两个国家之间的流动，双向化、多元化和虚拟化也在成为日益明显的趋势，不同国家在全球人才流动中扮演着不同的角色。根据加拿大Element AI 发布的 2019《全球 AI 人才流动报告》中对 AI 人才跨国流动情况的研究，澳大利亚、西班牙、瑞典等国在吸引外来人才和留住本地 AI 人才方面都纷纷显示各自的优势，AI 人才呈现净流入趋势，成为 AI 人才流入国；法国和以色列等国 AI 人才流出比例大于流入比例，并高于本国 AI 人才库的比例，是 AI 人才产生国和流出国；美国是世界 AI 人才的最大聚集地，AI 人才流出率和流入率都很低，被称为 AI 人才锚定国。同样具备这一特点的国家还有中国、德国、日本、印度、韩国和意大利等。加拿大、荷兰、新加坡、瑞士和英国等国 AI 人才流出和流入比例都在上升，被定义为 AI 人才平台国。

随着科技交流的不断深入，与 20 世纪 90 年代不同，当前的科技人才跨国流动不再局限于单向过程，而是双向可逆的流动过程，同时流动的方式也发生了一定的变化。科技人才流动中，不仅有着大量长期稳定在某国或某地的存在形式，也出现了大量的、多种形式的短期流动与存在方式，出现了科技人才流出、流入和回流共同存在的局面。

（三）全球科技人才流动的主要特征

一是科技人才流动门槛不断提高。疫情暴发前，受金融危机和债务危机的影响，世界经济形势发生了很大的变化，移民国家已经在逐步提高技术移民门槛。2017 年 1 月，新加坡连续第四次收紧了技术移民政策，新加坡副总理尚达曼公开阐述了缩小移民规模、为本国年轻人留出发展空间的立场，这在新加坡建国以来尚属首次。2017 年 4 月，澳大利亚时任总理特恩布尔宣布废除 457 工作签证项目，限制技术移民，以优先保证澳大利亚本地人的就业和生活。2017 年 8 月，美国总统特朗普明确表示支持《美国移民改革强力经济法案》(Raise Act)，仿效加拿大和澳大利亚的“移民积分制”，全面提高技术移民的门槛，同时，废除“绿卡抽签系统”，中国台湾、香港等地将不再享受“特殊关照”。澳大利亚对申请人的雅思成绩不断提高，甚至对申请技术移民的有些专业成绩由 5 分提高到 8 分，并弱化了职教类课程对语言成绩的加分作用。延长了永久居住权的获取时间，要求在持有临时签证必须在工作满一年才可获得永久居留权。受新冠肺炎疫情的影响，欧美国家移民政策的更呈收紧趋势，各国对跨国留学、工作和团聚移民政策做出相应调整，暂时阻碍了人员流动。美英等国调整政策鼓励创业移民，单边主义的国际人才政策显露。例如美国推出法案促进创业移民进入美国进行创业，使近年来在美外国裔工程博士数量较本土工程博士呈增多趋势。这些政策在很大程度上提高了国际人才流动的门槛。

二是科技人才引进重点在高端人才。创新驱动的关键在于人才，高端的科技人才掌握着尖端技术、具有创新的活力和能力，是重点产业突破技术难关，取得技术发展的供给者、催化剂，也是催生创新发展新发向、新需求、新去向的引领者，具有人力资本的高附加值、高稀缺性，因此，各个国家把引才的重点瞄准高端人才和创新创业人才，特别是高端和拥有高研发、高技术能力科研人员和企业家，在广泛吸纳全球人才的同时，更加聚焦人才的价值和创造力。在引进人才的选择方面，尊重市场选择，特别是雇主担保、人才收入积分等，已成为发达国家实施人才政策的重要依据。各国通过移民政策争夺高端人才。2019 年 5 月，美国总统特朗普公布了移民改革方案，全面调整了美国的技术移民政策的思路、目标及方向，用“积分系统”取代原来的低端移民体制，提高了技术移民的门槛，把移民对象对准高端的高层次的人才。2018 年 12 月，英国内政部发布最新移民白皮书，对本国的移民政策进行了体系化重塑。强调对高技术移民将取消名额限制，对低技术移民设置了“冷却期”制度。2020 年，英国启动“高科技人才签证”，目的也在招揽全球高水平科技人才。2017 年 6 月，法国正式宣布启动“法国高科技签证”。作为一种快速签证杰出人才护照（Passport Talent）的扩展与延伸，“法国高科技签证”的申请人主要包括以下三种：一是来法国创建初创企业的创办人；二是法国创新型企业聘用的外籍科技雇员；三是投资法国创新型企业的外国投资人。从 2019 年 3 月起，法国政府又适当放宽了“法国高科技签证”申请条件。通过扩大留学生群体增加高端人才的比例。经合组织《2017 年教育概览：OECD 指标》报告显示，博士阶段留学生的数量呈不断增长趋势。早在 2015 年，在经合组织国家高等教育注册的学生中，攻读博士学位的国际学生数量达到了 1/4。在美国攻读博士学位的学生中，留学生的比例为 37.8%，比硕士学位中国留学生的比例 9.5% 高也 4 倍之多。而其他一些国家博士阶段的留学生比例也相当高，法国和葡萄牙博士阶段的学生中，留学生占比 40.1% 和 21.2%，均比两国硕士阶段学生中留学生的占比高出 3 倍。卢森堡一瑞士博士阶段学生中留学生占比要高于本国学生。

二、上海海外科技人才引进现状

（一）政策系统供给，集聚全球顶尖人才和团队

自 2014 年 5 月以来，上海围绕建设“具有全球影响力的科技创新中心”的目标，强化顶层设计，加强政策创新，市委、市政府先后出台了一系列相关政策，旨在优化包括引进海外科技人才在内的创新创业人才环境。2015 年、2016 年，先后出台关于深化人才体制机制改革的实施意见，2018 年，出台《加快实施人才高峰工程行动方案》《加快实施“国际人才蓄水池”工程行动方案》，2020 年，出台《关于新时代上海实施人才引领发展战略的若干意见》，人才政策呈现系统供给。

上海高端科技人才中 60% 以上的“两院”院士，“国家 973 项目”首席科学家 45 人次全部为留学回国人员。2019 年至今，上海共引进包括 3 名诺贝尔奖得主、7 位欧美发达国家院士在内的 12 位高峰人才（非华裔 6 人，占 5%），团队人数超过 600 人。2019 年，上海当选两院院士的 13 人，包括 2 名外籍院士。

（二）持续分批引进，高层次科技人才储备增加

十余年来，上海通过浦江人才、东方学者等有较高知名度和影响力的人才计划，以稳步递增的趋势引进海外高层次科技人才。2018 年，上海又启动国际人才蓄水池工程，13 个基础科学和应用基础科学，6

个战略性新兴产业“卡脖子”领域，面向海外延揽世界一流高水平人才。仅 2020 年，上海就分三批引进海外高层次人才 901 名，在数量上较以往有了大幅度增长。

表 1 浦江人才计划 2016—2019 年引进人才的基本情况

浦江人才计划	2019 年	2018 年	2017 年	2016 年
入选人数	320 人	328 人	303 人	286 人
A 类（科研开发）	115 人	112 人	110 人	111 人
B 类（企业创业创新）	34 人	37 人	39 人	38 人
C 类（社会科学）	112 人	116 人	108 人	91 人
D 类（特殊急需）	59 人	63 人	46 人	46 人
资助总人数 / 团队	4042 人	3704 人	3376 人	2787 人
资助总额	7960 万元	5980 万元	5010 万元	—
累计资助总额	7.2 亿元	6.4 亿元	5.8 亿元	—

资料来源：《2016—2019 上海人才资源状况报告》

（三）关注重点群体，吸引杰出青年科技人才

杰出优秀的青年科技人才一直是上海科技创新的生力军。2018 年 6 月，《上海市“超级博士后”激励计划实施办法》出台，截至 2020 年底，已资助来沪博士约 350 人（占总资助博士 1157 人的 30%），累计资助金额 3.3 亿元。2020 年上海共招收博士后 2426 人，其中来自海外的博士后 578 人，有海外留学经历的博士后 491 人，占当年总量的 44%。

表 2 2020 年全市博士后情况

2020 年全市博士后	来自海外的博士后	有海外留学经历博士后	海外经历博士后占百分比（%）
2426 人	578 人	491 人	44%

资料来源：《2021.3 市委组织部报告》

（四）回流迹象明显，海外留学人才数量走高

近几年有海外留学经历的回国人才数量持续走高，上海是人才回国的首选城市。领英 2018 年 3 月发布的《中国海归人才吸引力报告》显示，在 2013—2017 年回国的海归去向城市中，上海位居第一。《2020 海归就业报告》（见图 1）也显示，留学生回国求职首选北上广深一线大城市，上海位列第一，占 24.26%；北京位列第二，占 17.99%；深圳和广州分别位列第三和第四，占 10.08% 和 5.35%。

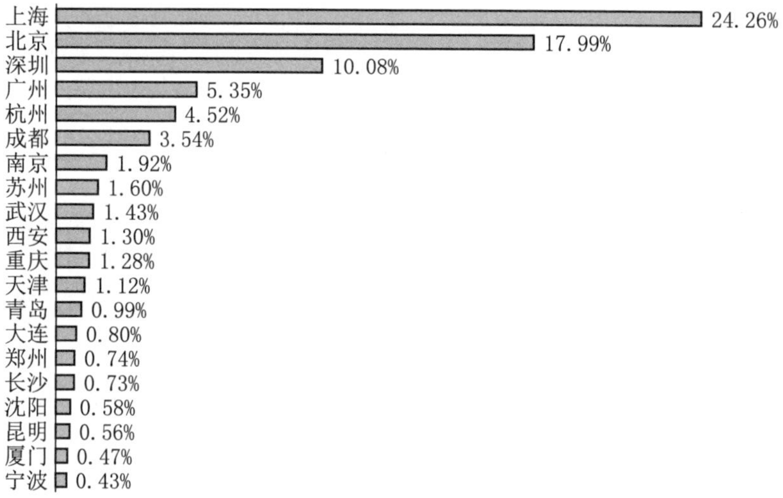

图 1　2020 年海归留学生期望工作城市分布 TOP20

资料来源：猎聘大数据研究院

（五）制度机制创新，外国专家数量居全国首位

上海市外国人工作许可政策的创新度、便利度、满意度较高，用人单位和外籍人才给予充分肯定。目前在沪工作的外国人达 21.5 万，占全国的 23.7%，居全国第一。截至 2021 年 12 月底，上海市共核发《外国人工作许可证》达 32 万余份，其中外国高端人才（A 类）已经

达到 6 万余份。2018 年 1 月 1 日在全市范围内正式实施外国人才签证制度以来至 2020 年底，共办理《外国高端人才确认函》800 余份。

三、上海海外科技人才引进的新形势

（一）新的地缘政治事件带来的不确定性

俄乌战争爆发。战争双方都受到了极大影响，大量高水平科技人才离开乌克兰、俄罗斯流向欧洲各国和美国。该事件对我国的科技、经济乃至人才流动也产生了一定影响。短期看，战争导致与两国有合作的中国企业、科研合作项目不得不暂停或者终止。而且由于大多数人才流向欧盟各国和美国，被中国引进的人才范围及数量变小，中国海外引才空间被挤压。长期看，尤其是西方视“中俄一家”，频频对中国施压，喊话中国“站队”，科技人才流动愈发被政治化，我国海外引才遇到新挑战。

（二）后疫情时代形势策略带来的不确定性

新冠疫情期间，病毒变化的不确定性和各国防疫策略的不同，使得各国对科技人才的吸引力有所变化。特别是 2022 年 3 月上海出现了大面积疫情，暴露出诸多困难和问题，一些外资机构搬离上海的打算显现，以及一些外国人或持绿卡人士也有暂时或长远离开中国的考虑和行动。尽管全球疫情已结束，但公共流行疾病常有点状爆发，进入新的后疫情时代，中国与全球的国际交流合作难以快速恢复之前水平，在一定程度上影响了海外人才流动的意愿和模式。

（三）持续的中美贸易争端带来的不确定性

持续的中美贸易战的焦点不断变换，争端未见缓和迹象。争端引发的对华移民政策、人才政策限制或封锁，使两国的人才流动面临着前所未有的不确定性。一方面中国的留学生入美深造难度增加，另一方面在美海外科技人才回流难度也增加。此外，人才安全并由此引出的美国保护主义立场、民粹论调及遏制中国政策的不断出台，使得国际人才引进成为中美关系中的敏感议题。我国面向海外引进科技人才的工程、计划、项目等在宣传、实施方式上面临前所未有的挑战，柔性引才和项目合作的形式也需适时调整。

（四）发达国家策略限制带来的不确定性

美国、新加坡、澳大利亚等发达国家相继通过申请限制、移民积分、废除已有工作签证、收紧技术移民规模等多种方式限制技术移民，通过政策、法案限制华人留学、科研等行为限制人才自由流动；通过新技术战略，率先构建了国际化职业社交平台，国际猎头运用大数据技术手段，形成更为精准立体的用户画像，启动以人才数据为基础的新型人才争夺战，并已形成一定的垄断态势，系统重构了国际人才市场新秩序。在新形势下，上海引进海外科技人才面临着引才理念、引才渠道、人才评价和发展生态等多方面挑战。

四、新形势下完善上海海外人才引进的建议

（一）创新引才理念，提升高端人才集聚度

对标上海“十四五”规划发展目标要求，必须坚持全球视野的引领发展战略布局，集聚和配置具有全球影响力的优秀人才，强化顶尖科技人才及团队的引进。一是进一步强化引才理念的开放性，欢迎各类海外科技人才到上海创新创业，尊重其自由流动的意愿。二是进一步强化引才理念的国际性。坚持放眼全球，慎重考虑和世界各国，尤其是与欧洲国家保持良好稳定的关系，最大力度地保持国际科技合作与交流，发挥民间科技外交的作用，拓展、巩固引进海外高层次科技人才的战略空间。三是进一步强化引才对象的多元化，既关注海外高

层次、杰出青年科技人才，也关注有潜力的留学归国人员；既吸引华裔也广纳非华裔科技人才；同时注重吸引科技较发达国家及地区来华留学人才和来华工作的科技人才。

（二）加强顶层设计，强化科学精准引才

对标上海科创中心“十四五”规划目标要求，要深入梳理重点产业发展中的问题和难点，围绕产业发展所需，倒逼基础研究、应用技术研发、成果转化等创新链、产业链、人才链中的短板，补链固链，降低断链情况发生。强化全链条顶尖科技人才及团队的引进，依托重大科技基础设施集群、高水平创新平台、重大科学计划项目引进、发现和培养人才，通过扎实的工作解决上海高质量发展的痛点和难点。要调整海外引智的优先方向，将引才的重点逐步转移到欧洲、亚洲的日本、新加坡等科技创新能力较强的地区，规避人才战可能诱发的引智风险。

（三）着力全球布局，吸引各国本土人才加盟

鼓励有实力的企业设立境外研发中心、研究机构等，吸引当地顶尖科学家和高水平工程师参与技术和产品的研发，从而吸引大批海外大学和研究机构的骨干，以人才本土化的形式实现海外高层次人才的使用培养。这方面可多借鉴华为在国外建立研发中心的经验。政府应鼓励国内外各类用人主体多元化引人用人方式，不论单位是何种性质（高校科研院所或企业），经专家评审后，根据引进人才的总体水平给予用人单位一次性补贴。引进后三年以内若取得重大创新成果或专利，政府依然可对引进人才单位追加特别奖励。

（四）优化人才生态，打造上海城市软实力

进一步理顺政府和市场的关系，激发人才及用人单位的活力动力。政府发挥创造良好环境、提供基础条件、组织协调的作用，同时要加快管理职能的转变。高校院所、龙头企业（跨国）等用人单位要充分发挥主动性，突破复杂国际形势带来的影响，围绕短板弱项，特别是我国亟待突破的关键核心技术和“卡脖子”技术，广纳国际高水平人才和研发团队。完善人才分类评价机制，以能力和实际贡献为主要评价和确定人才薪酬的标准。进一步优化简化流程，强化服务意识，提高公平开放的社会资源供给效率。不断提高对海外科技人才的服务能级，强化对引进人才后续服务和持续支持，使引进人才回沪后能得到更好的发展。

京沪两地人才国际化进程的比较研究

于　博[1]

一、引言

在中央人才工作会议上，习近平总书记指出，“国家发展靠人才，民族振兴靠人才”，强调“加快建设世界重要人才中心和创新高地”；习近平总书记特别指出，“加快建设世界重要人才中心和创新高地，需要进行战略布局。综合考虑，可以在北京、上海、粤港澳大湾区建设高水平人才高地”。当前，作为国内最主要的两座超大城市，上海和北京都正在认真学习贯彻落实习近平总书记关于新时代人才工作的新战略新部署，为加快建设高水平人才高地进行战略规划。

对于像上海、北京这样的国际大城市来讲，人才国际化是建设高水平人才高地的重要部分，城市人才国际化的发展进程，对于高水平人才高地建设有重要影响。近年来，基于国际标准和中国特色，关于城市人才国际化的评价研究也得到了加强，国内外学者在人才国际化方面做了一系列探索，并出版和发表了相关著作和论文。如，上海的学者徐国祥等（2006），在构建城市人才国际化指标体系基础上，对上海及其他国际化大都市进行了比较分析，他们发现：上海在人才国际化建设方面虽然取得了较好的进展，但与其他国际化大都市相比差距依然明显。北京的学者徐芳等（2021）收集了 1990—2020 年发表的人才国际化中文和英文文献，进行了计量分

1　于博，上海科技管理干部学院、上海科学技术政策研究所研究员，主要从事科技战略、科技人才与管理等研究。

析，对人才国际化研究的发展脉络、理论体系、国际人才交流与引进等做了详尽的梳理分析，展望了人才国际化未来的研究前景与实践领域。

当前，在上海、北京深入推进科创中心和高水平人才高地建设的大背景下，上海市和北京市政府有关部门，根据面临的形势和任务，围绕着加快城市人才国际化进程制定了相应的人才规划和行动纲领。在未来实践中，人才国际化的研究应充分考虑城市发展的各个影响因素，结合北京市人力资源研究中心的人才国际化指标体系研究和上海学者徐国祥等的实证对比研究，我们认为：人才构成和素质、人才流动、人才环境以及人才影响等各要素的国际化，可以综合反映人才国际化的水平和程度；同时，可以进一步设置体现其要素内涵的二级指标，每个要素的二级指标应以规范性和可操作性为取向，充分考虑二级指标数据的易获取性和代表性，在此基础上，将人才构成和素质国际化、人才流动国际化、人才环境国际化、人才影响国际化等这些人才国际化要素综合考量，共同构成了人才国际化程度的评价体系。具体如下：一是人才构成和素质国际化指标，包括永久居留外国人数占常住人口的比例、专利授权量、PCT 国际专利受理量、获得国际专业资质证书人员数（国际金融分析师）等。二是人才流动国际化指标，包括年入境数、年出境数、国际旅游收入等。三是人才环境国际化指标，包括高校毕业生数、研发人员数量、研发人员占从业人员比例、研发经费、每万人口医院床位数等。四是人才影响国际化指标，包括承办的国际会展数、实际利用外商直接投资额、世界 500 强总部数、博物馆和纪念馆数等。

在此基础上，在共同建设高水平人才高地的大背景下，围绕上海和北京在人才构成和素质国际化、人才流动国际化、人才环境国际化、人才影响国际化等维度进行对比分析，从不同侧面研究两座城市的人才国际化的发展进程和存在的问题；提出京沪两地人才国际化工作高质量发展的思考与对策。

二、上海与北京人才国际化指标的对比分析

在实际研究中，人才国际化的相关指标主要基于《中国统计年鉴》《北京统计年鉴》《上海统计年鉴》等数据源。需要说明的是：2020 年 1 月到 2023 年初，由于受到新冠疫情的影响，国际交流活动大幅减少，国际人才交流受到很大影响，相关数字已经不能反映人才国际化的实际状况。因此，本研究选取疫情前的 2019 年的统计数字为代表，对两地的人才国际化状况进行比较分析。

（一）人才构成和素质国际化

1. 永久居留外国人占常住人口的比例

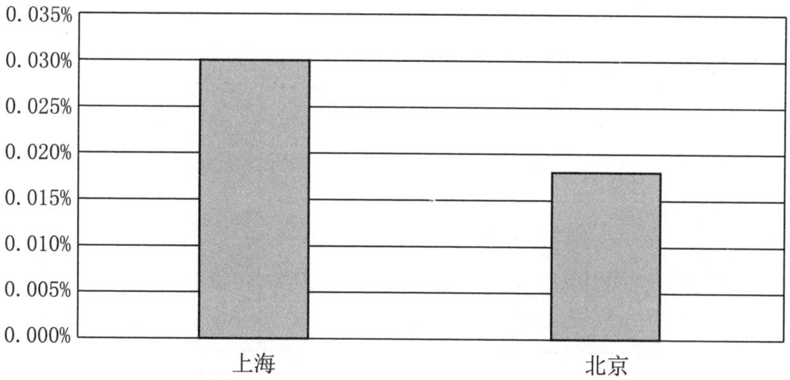

图 1　永久居留外国人占常住人口的比例

2019 年，上海永久居留外国人数占常住人口的比例为 0.0301%，北京永久居留外国人数占常住人口的比例为 0.0186%（图 1）。

2. 专利授权量

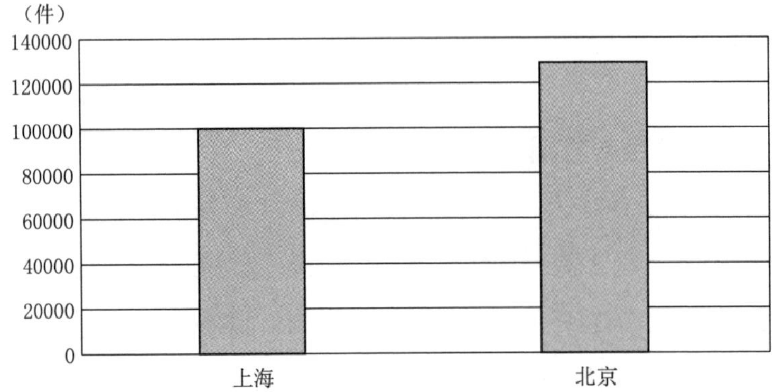

图 2 专利授权量

2019 年，上海的专利授权量为 100587 件，北京的专利授权量为 131716 件（图 2）。

3. PCT 国际专利受理

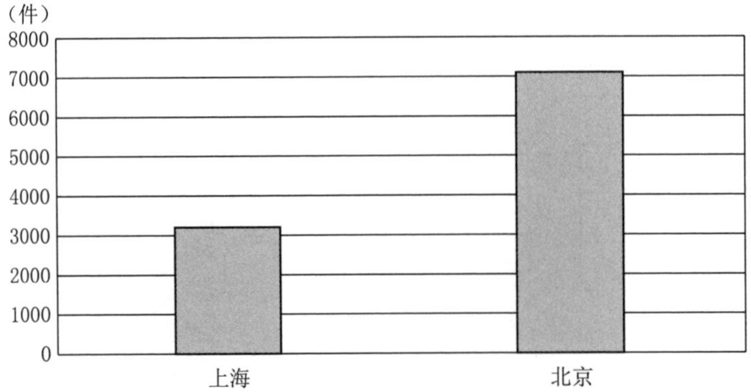

图 3 PCT 国际专利受理

2019 年，上海的 PCT 国际专利为 3200 件，北京的 PCT 国际专利为 7165 件（图 3）。

4. 国际金融分析师（CFA）

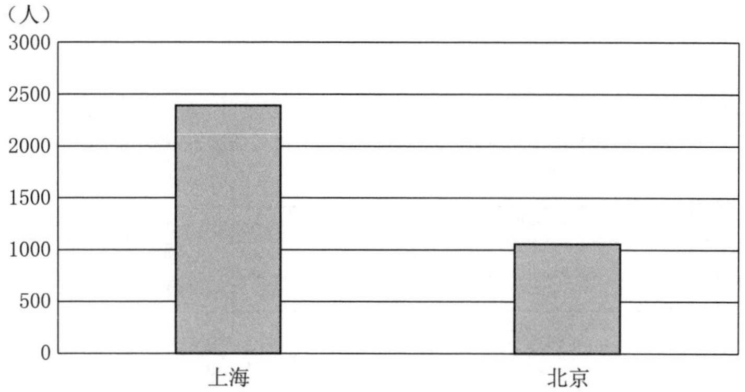

图 4　国际金融分析师

2019 年，上海的国际金融分析师为 2397 人，北京的国际金融分析师为 1086 人（图 4）。

（二）人才流动国际化

1. 国际旅游入境人数

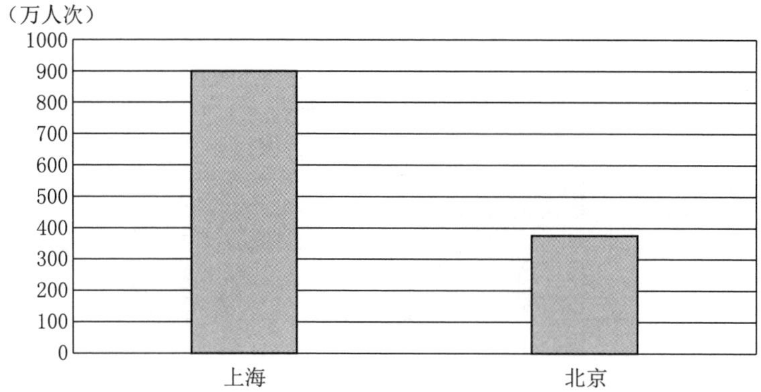

图 5　国际旅游入境人数

2019 年，上海的国际旅游入境人数 897.23 万人次，北京的国际旅游入境人数为 376.9 万人次（图 5）。

2. 旅行社接待出境旅游者

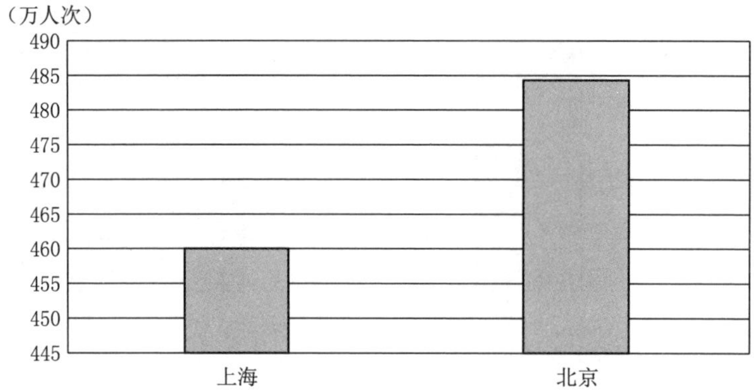

图 6 旅行社接待出境旅游者人数

2019 年上海旅行社出境旅游者为 460.04 万人次，北京旅行社出境旅游者为 484.5 万人次（图 6）。

3. 国际旅游收入

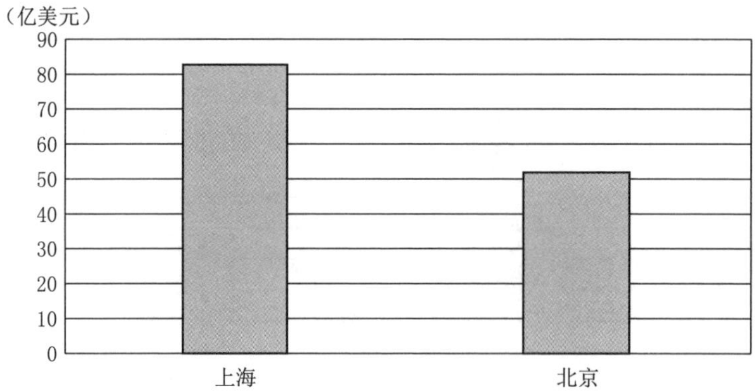

图 7 国际旅游收入

2019 年，上海国际旅游收入为 83.76 亿美元，北京国际旅游收入为 51.9 亿美元（图 7）。

（三）人才环境国际化

1. 高等学校毕业生数

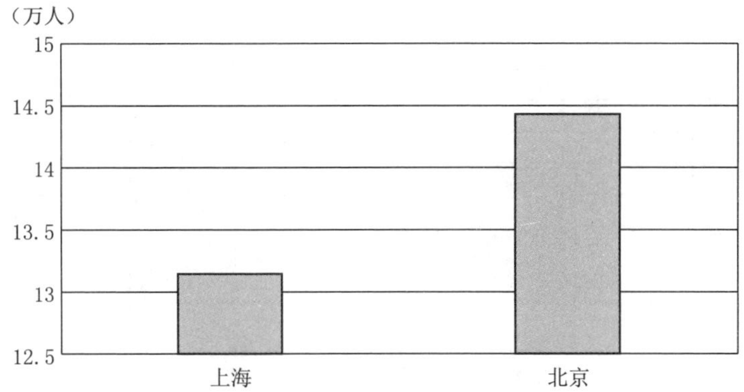

图 8　高等学校毕业人数

2019 年，上海高等学校毕业生数为 13.1694 万人，北京高等学校毕业生数为 14.4654 万人（图 8）。

2. R&D 经费内部支出

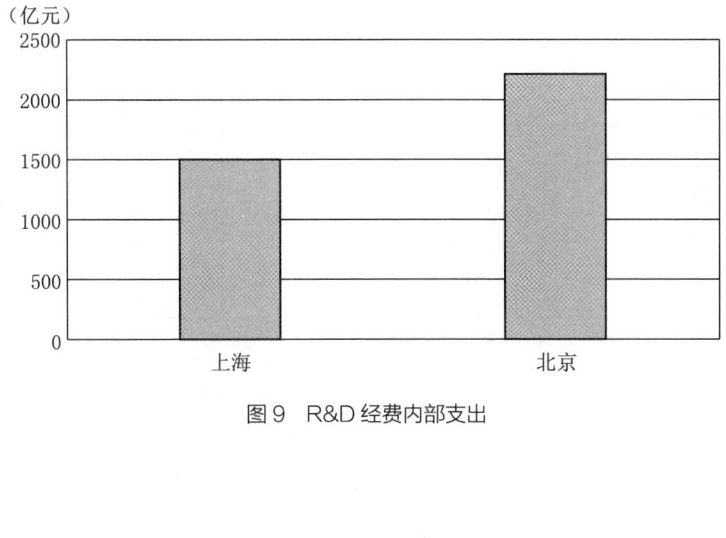

图 9　R&D 经费内部支出

2019 年，上海 R&D 经费内部支出为 1524.55 亿元，北京 R&D 经费内部支出为 2233.587 亿元（图 9）。

3. 研发人员

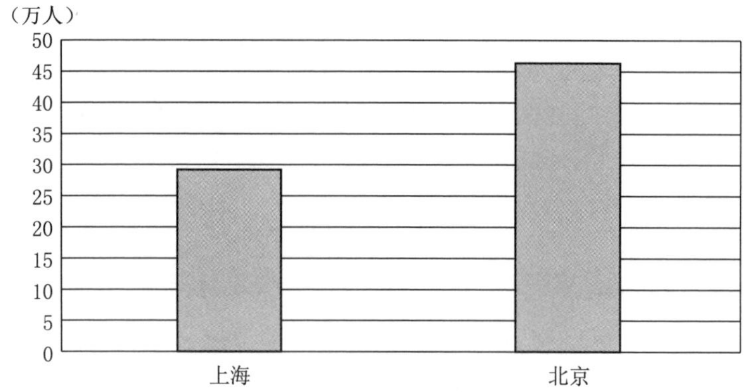

图 10　研发人员数量

2019 年，上海研发人员为 29.33 万人，北京研发人员为 46.4178 万人（图 10）。

4. 研发人员占从业人员的比例

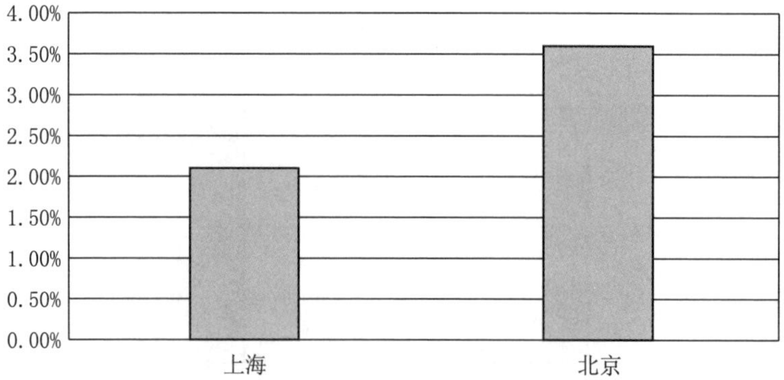

图 11　研发人员占从业人员的比例

2019 年，上海研发人员占从业人员的比例为 2.13%，北京研发人员占从业人员的比例为 3.65%（图 11）。

5. 每万人口医院床位数

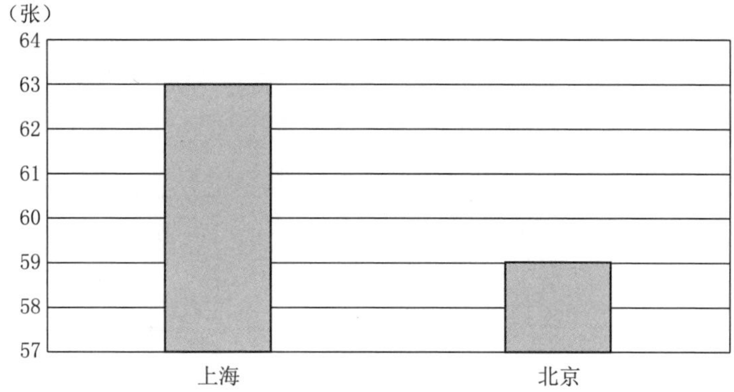

图 12　每万人医院床位数

2019 年，上海每万人口医院床位数为 63 张，北京每万人口医院床位数为 59 张（图 12）。

（四）人才影响国际化

1. 举办国际会展个数

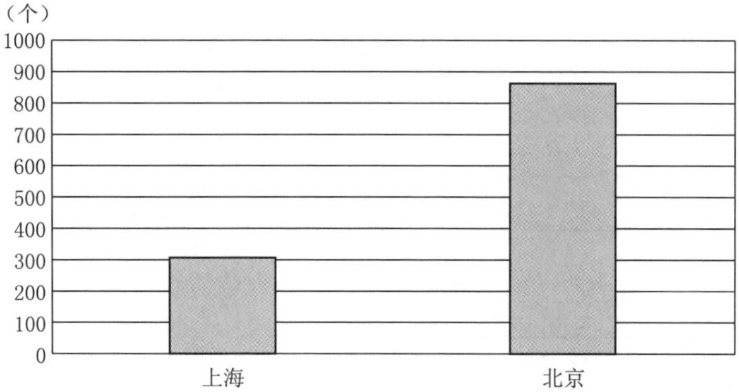

图 13　举办国际会展数

2019 年，上海举办国际会展个数为 310 个，北京举办国际会展个数为 865 个（图 13）。

2. 实际利用外商直接投资额

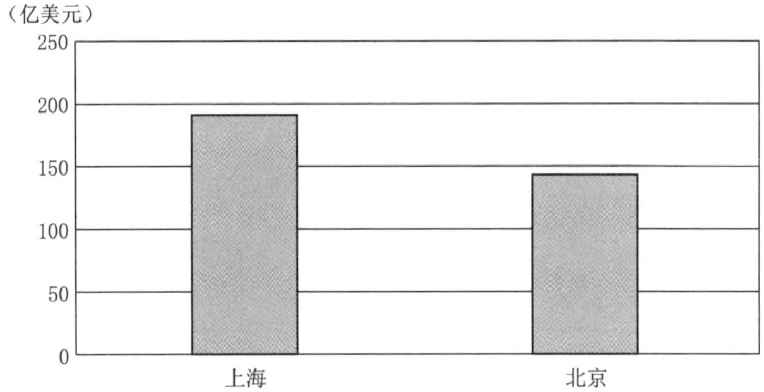

图 14　实际利用外商直接投资额

2019 年，上海实际利用外商直接投资额为 190.48 亿美元，北京实际利用外商直接投资额为 142.1299 亿美元（图 14）。

3. 世界 500 强总部数

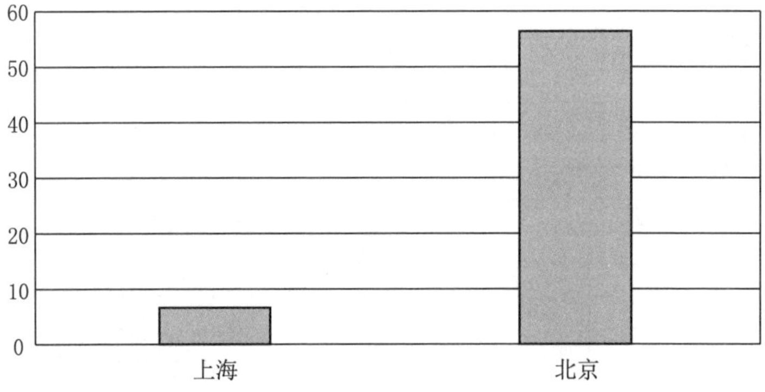

图 15　世界 500 强总部数

2019 年，上海世界 500 强总部数为 7 个，北京世界 500 强总部数为 56 个（图 15）。

4. 博物馆、纪念馆数量

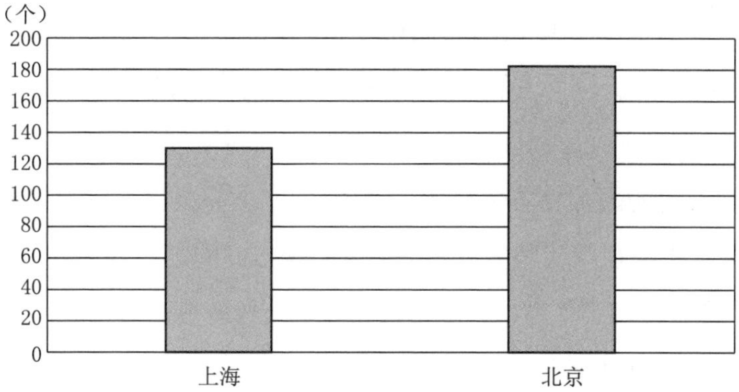

图 16　博物馆、纪念馆数量

上海博物馆、纪念馆为 131 个，北京博物馆、纪念馆数量为 183 个（图 16）。

三、人才国际化指标对比中看京沪两地的特点和问题

（一）人才构成和素质国际化指标比较

2019 年，上海永久居留外国人数占常住人口的比例为 0.0301%，北京永久居留外国人数占常住人口的比例为 0.0186%；上海的常住人口为 2428.14 万人，北京的常住人口为 2153.6 万人；上海全社会各行业从业人员为 1376.2 万人，北京全社会各行业从业人员为 1273 万人。从常住人口、从业人员看，上海的人口基数大，从业人员多；从永久居留外国人数、永久居留外国人占常住人口比例，上海均位于国内前列，说明上海近年来不断完善有关政策和措施，吸引了更多的外籍人

口和国际人才。

2019 年，上海市的专利申请量为 173586 件，北京市的专利申请量为 226113 件；上海的专利授权量为 100587 件，北京的专利授权量为 131716 件；上海的 PCT 国际专利为 3200 件，北京的 PCT 国际专利为 7165 件。专利申请量是描述社会创新程度、发展活力的重要指标，特别是 PCT 国际专利量是衡量人才素质国际化的重要指标。从这些指标看，上海均低于北京，体现了北京的科技创新活力和强度。而 2019 年上海的国际金融分析师为 2397 人，北京的国际金融分析师为 1086 人，上海在现代服务业、金融保险等方面的高层管理人才明显要多于北京，体现了上海在我国金融与商业上的地位。

（二）人才流动国际化指标比较

2019 年，上海的国际旅游入境人数 897.23 万人次，北京的国际旅游入境人数为 376.9 万人次；上海旅行社出境旅游者为 460.04 万人次，北京旅行社出境旅游者为 484.5 万人次；上海国际旅游收入为 83.76 亿美元，北京国际旅游收入为 51.9 亿美元。从这些代表性的人才流动指标看，上海与北京都处于对外开放的前沿，都是热点的出入境城市。

（三）人才环境国际化指标比较

2019 年，上海 R&D 经费内部支出为 1524.55 亿元，北京 R&D 经费内部支出为 2233.587 亿元；上海研发人员为 29.33 万人，北京研发人员为 46.4178 万人；上海研发人员占从业人员的比例为 2.13%，北京研发人员占从业人员的比例为 3.65%。从研发经费投入、研发人员数量和研发人员占从业人员比例来看，北京都明显高于上海，代表了北京在科技创新方面的投入力度和科技人才的集聚程度，值得上海学习和追赶。另一方面，2019 年，上海每万人口医院床位数为 63 张，北京每万人口医院床位数 59 张；上海高等学校毕业生数为 13.1694 万人，北京高等学校毕业生数为14.4654万人，上海与北京在教育与医疗卫生领域的指标相比各有特点。

（四）人才影响国际化指标比较

2019年，上海举办国际会展个数为310个，北京举办国际会展个数865个；上海实际利用外商直接投资额为190.48亿美元，北京实际利用外商直接投资额为142.1299亿美元；上海世界500强总部数为7个，北京世界500强总部数为56个；上海博物馆、纪念馆数量为131个，北京博物馆、纪念馆则为183个。上海除了在实际利用外资金额指标高于北京外，其余指标都是北京明显领先于上海，体现了北京作为首都和文化中心的优势。国际文化机构和文化活动是可以用来提升城市国际影响力的，人才国际化是可以通过构筑良好的中西文化交融的大氛围来推进这一过程的。

四、京沪两地高水平人才高地建设中人才国际化进程的思考

上海和北京，都面临高质量发展和高水平人才高地建设的历史使命，基于上海北京在人才国际化进程中的实际状况，基于两座城市的人才国际化需求与定位，有以下思考与对策。

第一，打造世界级的人才平台。上海与北京打造高水平人才高地，首先要打造“国际牌”，广招世界英才，切实提升城市人力资源的国际竞争力。北京和上海都应在未来集聚和建设一批重量级的国家实验室、国家重点实验室以及大科学设施，打造一批科技领军企业，跨国公司研发中心，建设一批开放、高能级的世界一流的科研平台、产业平台、展会平台、合作平台、交流平台等，发挥好现有的高水平科研院所和研究型大学的作用，以高层次平台吸引高水平人才，并让一流人才在平台中发挥作用，施展才华。

第二，加快战略人才队伍建设。对于上海和北京来讲，在深化国际科创中心和高水平人才高地建设中，还亟须加快培育一批站在国际科技前沿、引领科技自主创新、承担国家战略科技任务的高质量战略人才，未来要集中在以下几方面进行探索：一是探索建立类似于美国国防部高级研究计划局（DARPA）的战略人才培养机构和体系；二是建立一批以高水平创新联合体、产业技术创新联盟和公共研发平台为核心的战略人才整合式培育的创新平台；三是设立全球战略人才数据库，定期发布急需人才清单，创立高端人才的全球“猎聘”机制；四是创立科技发展顾问制度，借鉴国外相应经验，推进北京和上海的战略专家咨询机制的完善。

第三，抓好科技人才发展体制机制改革。全面贯彻落实党中央关于科技体制改革攻坚的决策部署，对标上海和北京的世界级科技创新中心建设，激发创新活力和动力，努力实现创新主体和人才从“松绑”到“解绑”的跨越，体现科技人才在推进高水平改革开放和创新发展的引领作用，上海和北京要开展好新时期科技体制改革攻坚的试点；同时，着眼于高水平人才高地建设，要积极推动人才体制机制历史性变革、系统性重塑、整体性重构，加快打造具有国际竞争优势的“超海外”的人才发展制度体系，探索既有京沪特色又有国际竞争比较优势的人才发展体制机制。

第四，完善国际人才“蓄水池”工程。上海和北京建设高水平人才高地，要真正面向全球，拓宽人才选拔视野，聚焦国家战略，特别是如集成电路、人工智能、生物医药等战略性新兴产业的急需短缺人才，引进适合上海和北京当地发展的高端人才，主动加强国际协同创新合作，推动前沿科学研究与关键核心技术突破。同时，应持续优化对人才的精准服务，对顶尖人才“量身定制，一人一策”；围绕科技自立自强，支撑国家重大战略需求，加大基础研究类、应用研究和技术开发类、承担国家重大攻关任务等类科技人才的支持，加大对承担科技攻关任务和“揭榜挂帅”重要任务的优秀科技人才和团队的评价和支持。

第五，构建全球范围内人才流动和集聚枢纽。未来上海和北京要对接好全球人才网络，进一步构建好国际人才大数据平台，使两座城市真正成为全球的人才流动和集聚枢纽。当前，应善于应用大数据技术为人才“精准画像”，特别要完善海外青年人才的跟踪调查机制，构建全球青年精英人才的数据库；京沪两地要建成和不断更新有关领域前沿研究和热点人才数据库，发挥好引才工作的大数据和信息平台支持功能；要积极鼓励通过大数据、人工智能等技术手段解决人才发展和创新研究工作，不断挖掘“全球高层次科技专家信息平台”应用价值，抢占国际人才制高点，为上海北京打造高水平人才高地打好基础。

以创新能力为导向的上海科技人才职称评价研究

孙希昀[1]　黄　飞[2]

科技人才评价是科技人才发展体制机制的重要组成部分，构建以创新价值、能力、贡献为导向的科技人才评价体系，形成并实施有利于人才潜心研究和创新的评价机制，对于树立正确用人导向、激励引导人才职业发展、调动人才创新创造积极性具有重要作用。科技人才职称评聘制度发挥着评价激励的作用，对科技人才更好实现“待遇需求”和“创造力需求”，实现个人价值和社会价值的统一至关重要。本研究旨在充分贯彻国家深化职称改革的文件精神，分析当前上海科技人才职称评价存在的主要问题，提出以创新能力为导向的科技人才职称评价改革的思路与建议。

一、科技人才职称评价存在的主要问题

经广泛调研分析，上海科技人才职称评价存在的瓶颈和问题主要集中于以下三个方面。

（一）科技人才职称评价标准仍需进一步分类精准

1. 论文指标对不同类别人才不能有效区分，过度突出数量

目前，评价标准中论文指标的要求还存在不合理和不符合现阶段评审需求的现象，对不同类别人才职称评价时还存在不能够完全区分等问题。数据显示（图 1），人才评价指标设置还不够科学精准，

1　孙希昀，上海科技政策研究所高级工程师，主要从事科技创新、科技人才研究。

2　黄飞，上海科技政策研究所高级工程师助理研究员，主要从事科技管理、科技人才研究。

缺乏对跨学科创新和成果应用的综合考量，过度突出论文发表数量（51.6%），学历与任职年限标准一刀切（47.8%），过分看重奖项数量与等级（39.7%）仍是当前职称制度改革中的难点，也是需要改进改革的主要方面。

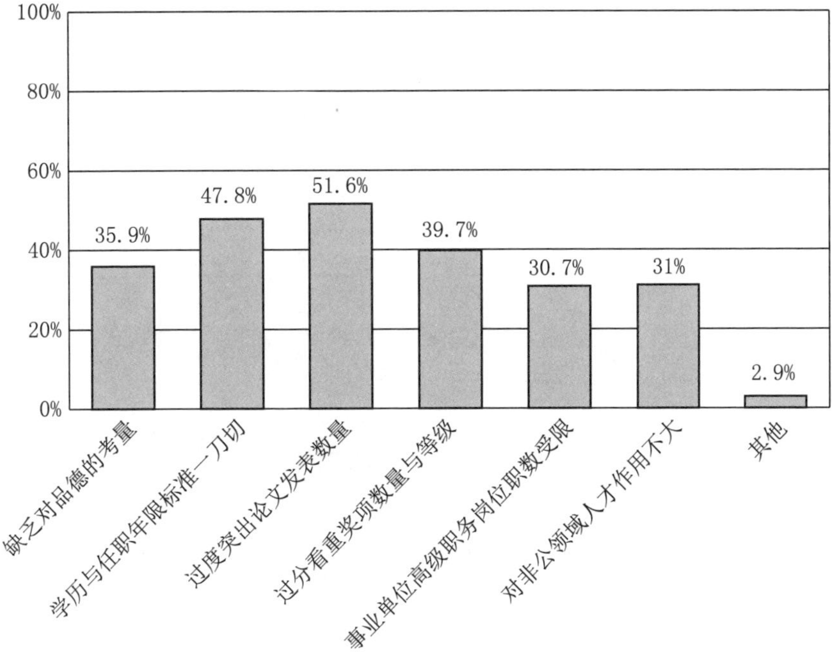

图 1　现行职称制度需改革或改进方面

调研对象普遍认为职称评审中最能反映专业技术能力的材料是专业技术业绩报告（48.4%），如论文、专业奖项、同行专家意见以及授权专利等在目前的职称评审材料中占有重要分值的评估材料的重要性比重不高（图 2）。科技人才岗位种类多、工作领域广、专业特色强，在评价标准上应突出精细化，根据基础研究、应用研究、技术创新和成果转化等不同领域的规律和特点，积极开展科技人才分类评价，对不同类别人才职称评价时的论文要求应有不同。

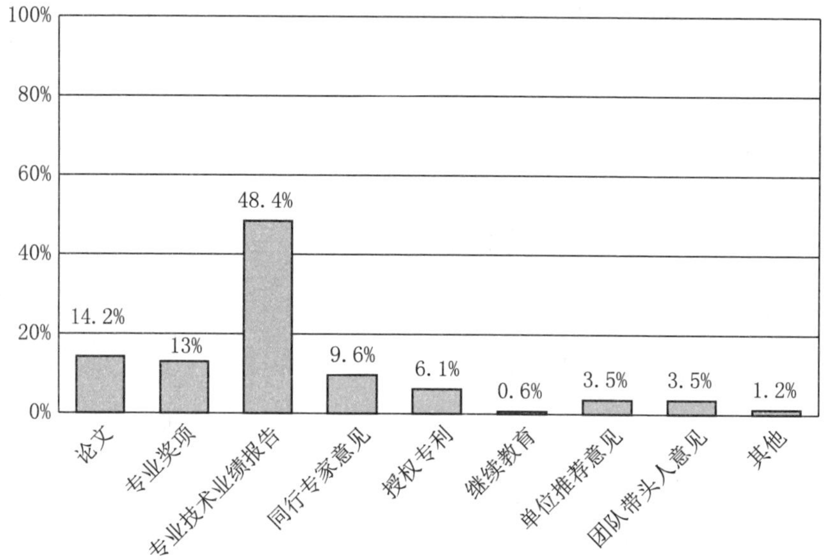

图 2　职称评审中最能反映专业技术能力的材料

调研中发现，目前缺少对不同单位性质的分类评价标准，像民营企业、科技企业、非公组织和社会团体等，在评审时与央企国企混在一起，按同一个评价标准，而此类单位的课题、论文、项目、获奖等都无法与科研院所、大型企业相比，差距比较明显，现有评价标准不能有效体现此类单位的价值，特别是某些偏工程实践和应用领域的单位，应将其市场认可和工程实绩（项目产生的经济效率）作为评价的优先考虑因素。

2. 体现创新价值的评价导向仍不突出

调研中发现，关于科技人才的评价要素最重要的是创新能力强（93.3%）、业绩水平突出（80.6%）和贡献价值大（66.1%），而学历高

（30.7%）与职称高（22%）作为对科技人才的评价要素的比重相对较低（图3）。说明现阶段对科技人才的评价不能只看学历和职称，而是要求科技人才除了具有专业理论知识以及工作实践能力外，更要注重对科技人才的创新能力、业绩水平的评价。

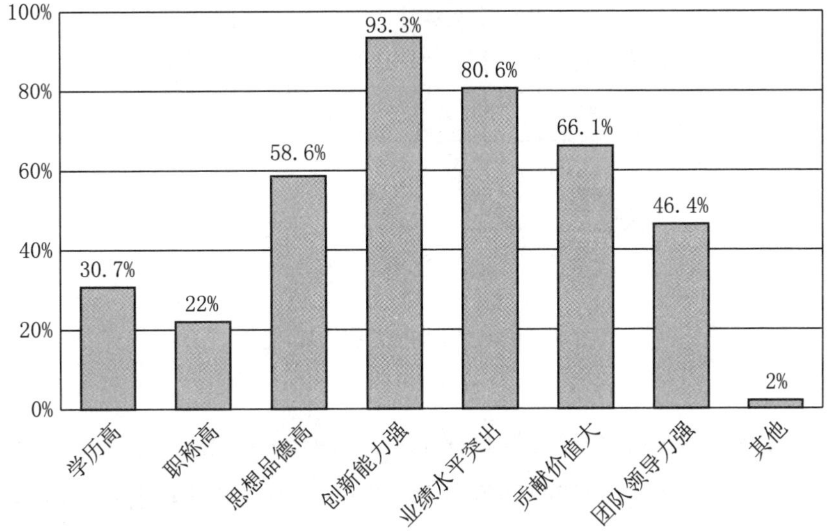

图3　科技人才的评价要素

如何科学准确评价科技人才的创新能力和业绩，体现创新价值，从调研数据显示（图4），受访者认为科技人才的创新能力和创新价值的评价要素应包含：专业领域创新程度（84.9%），创新活动成果（62.9%），对主要创新成果发挥的核心作用（60%），知识更新能力（47.5%），产学研协同能力（33%）。说明对科技人才创新能力和创新价值的考察评价应重点关注专业领域的创新程度和创新成果，并能够发挥创新成果的核心价值和作用，推进产学研协同发展。

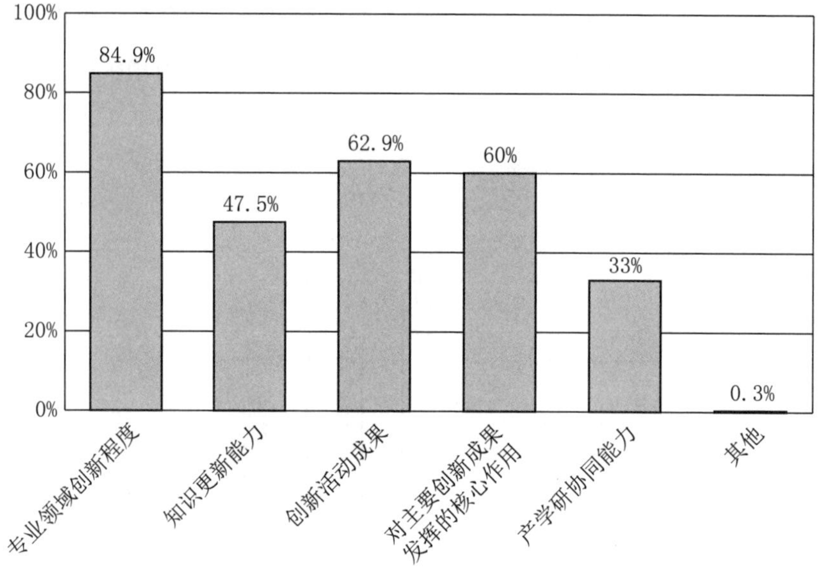

图 4 科技人才创新能力考察评价要素

上海材料所在 2021 年职称评审中，其中一位职称申报者的代表性成果为红旗 5 号发射筒的外盖研发，但他的评审条件学历不到本科，论文也不理想，并且由于针对什么人可以破格，什么标准可以破格，缺少政策依据，这些因素一度成为评审过程中的最大阻碍。经过反复讨论，最终凭借其主要创新成果（突出贡献）所发挥的核心作用获评高级工程师。这是在职称评审过程中比较具有代表性的一个案例，充分说明了现阶段体现创新价值的评价导向仍不突出，学历和论文在科学准确评价科技人才的创新能力和业绩方面仍然是一个比较突出的限制性因素。

3. 职称评价标准存在一定程度的不合理及滞后

当前的职称评价标准还存在未能与时俱进等问题，目前以创新价值、能力、贡献为导向的科技人才分类评价体系建设还不到位，仍然存在“一把尺子量到底”的单一评价现象，大部分单位还在沿用传统的单学科评价，缺乏对跨学科创新和成果应用的综合考量，评价标准未能根据人才分类、行业领域特征及实际工作突出业绩做相应细化区分。因此在调研过程中发现，评价标准需优化的问题最为突出（68.4%），此外，评审流程机制需完善（48.4%），职称政策宣传普及需加强（41.7%），制度体系需健全（37.1%），管理服务需优化（31.9%）也是现有职称评审工作中的主要问题（图 5）。

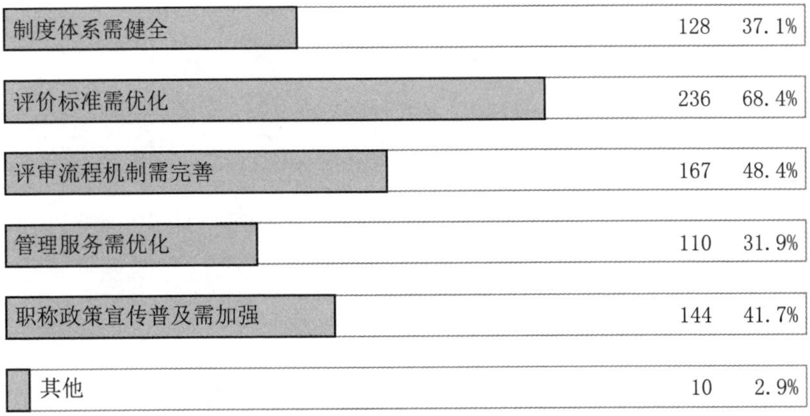

图 5 当前职称评审工作中的存在问题

另外，丰富评审方式（48.7%）和完善评审标准（42%）是现行职称制度最迫切需要改革或改进的方面（图 6），因此，当前职称制度改革应进一步细化人才分类，并结合人才分类特征丰富评审方式，完善并优化评审标准，建立更加符合科技人才特征及需求的评审方式和评审标准。

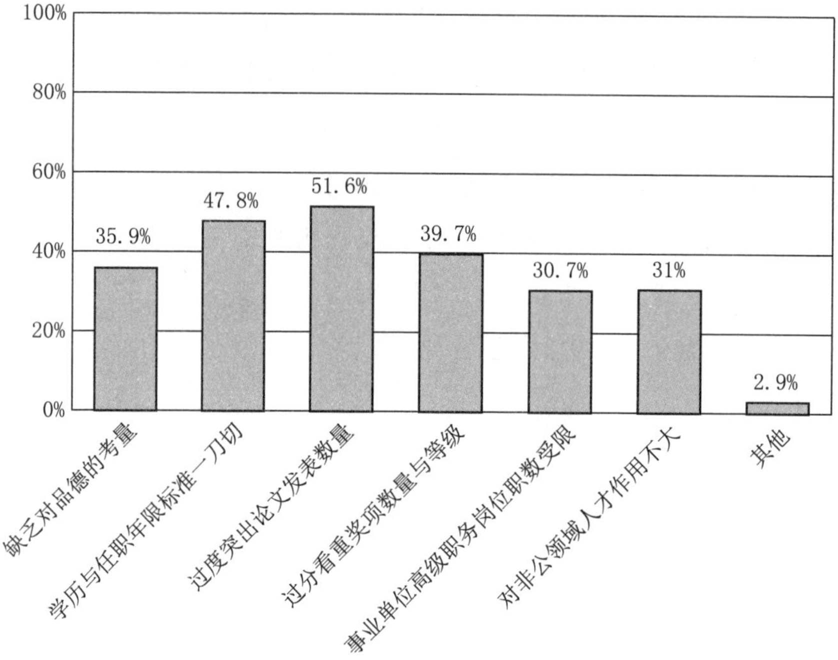

图 6　现行职称制度需改革或改进方面

（二）科技人才职称评价方法仍需进一步科学多元

1.“同行评议”仍存在一定程度的局限性

当前主要采用的业内同行评议不能充分评价科技人才的质量和水平。调研数据显示（图 7），细分领域专家不对口（63.8%），“同行”范畴界定模糊（62.9%），专家主观作用较大（60.6%），过分注重项目、论文、专利、获奖等（58.3%）是目前同行评议的主要局限方面。在知识总量超速扩张的今天，即使是同行专家评审，由于学科范围过广，研究方向存在差异，也不能真正了解被评审人的研究领域和研究成果，难以做出恰当的评价。

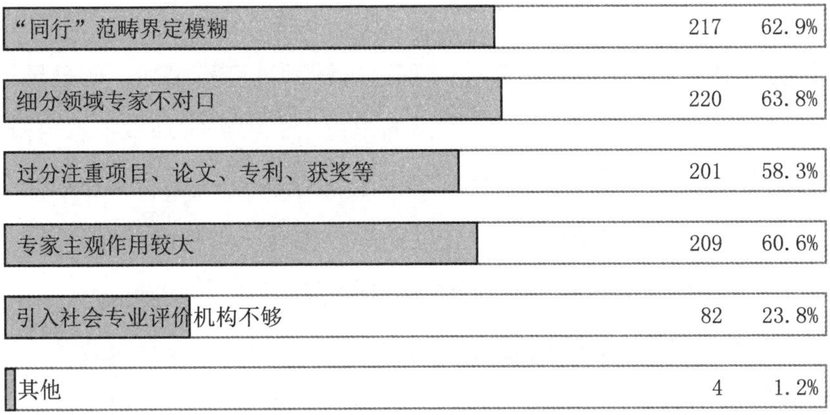

图7 “同行评议”的主要局限

例如，在调研中了解到上海集成电路技术与产业促进中心目前可参与的评审系列只有计算机和管理两大分类，集成电路和人工智能分在计算机体系里，如果评审中遇到不熟悉该领域的专家，如果专家不了解他们工作中的相关知识就会对评审产生不利因素，难以给出客观准确评价。另外，同济大学拥有能应对不同场景的比较丰富的评价指标工具箱，但具备评价能力的专家数量却跟不上评审需求。专家库没有夯实，也未开放，系统部门之间设有各自的专家库，彼此不互通存在一些信息闭塞等问题。因此，在改革科技人才职称方面，要进一步细分专家领域，科学量化同行评议方法，减少专家主观评价，并适当减少项目、论文、专利、获奖等在同行评议中的比重。

2. 现有的评委会、学科组设置主观性过强

现有的评委会、学科组的设置合理性也有待商榷，由下至上的一层层推荐、评议，大多情况下通过投票决定，存在着很大的主观性，也不能客观的反映申报人的真实情况，权限下放后，在评审的过程中操作空间会变得更加广阔，甚至会出现厚此薄彼、公报私仇等个别现

象，同时还会滋生“人情票”、拉票等阻碍职称评审科学公正性的个别行为。例如，同济大学 30 多个学院评价标准高度不平衡，如果是双高，并且学界地位高和知名程度高的申报者，评审时基本不看指标，除此之外在职称评审过程中不仅看申报人的成果，还会看其在跟什么样的人做学问，诸如此类案例在其他高校也有一定程度存在。因此，科技人才职称评价改革应将多种方式相结合，采用对实际成就、贡献的评价考量方式，破除过度量化的评价导向，引导评审专家遵循“价值导向”，对科技人才及成果做出更加科学专业的评价，以减少评委主观性过强，不公平不合理现象。

3. 新兴专业领域缺少对应的评价渠道

调研数据显示，新型的交叉学科，包括党工团领域，双碳、节能、新能源、数字化转型、高端装备、先进制造、流通领域、大数据方向，专业技术服务等都还未纳入上海科技人才职称评审体系；另外，一些专业领域还未实现评审专业细分及新增。

因此，科技人才职称评价需保持与时俱进的态度，在分类评价动态评价基础之上，不断修正和优化各类人才评价模型，打破现有同行评议、评委会、学科组的局限性，增强评价的科学性、准确性，提高评价效率，同行评价方式中增加“国际声音”和“青年声音”，不断提升科技人才职称评价的科学公正性。

（三）科技人才职称评价机制仍需进一步系统优化

1. 缺少跨学科综合评价机制

目前，大部分的单位评价机制仍是传统的单学科评价，缺乏对跨学科创新和成果应用的综合考量。科技人才的学科专业、工作性质、岗位类型、所属领域等存在明显差异，对人才具体评价实施时，往往“颗粒度”较粗，不够具体清晰，导致“立新标”的需求呼声较大；同时，人才评价指标设置不够科学精准，缺乏对跨学科创新和成果应用的综合考量。调研数据显示（图 8），评价方式相对单一（54.8%），申报材料过于复杂、繁琐（52.8%），评价机制未能跟随行业、产业发展及时调整（47%）是当前科技人才职称评价机制存在的主要问题。

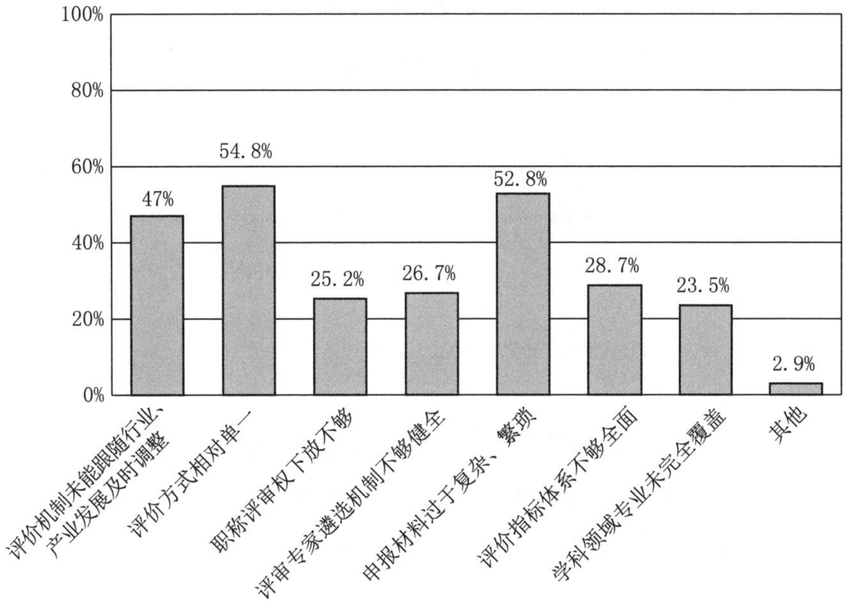

图 8　当前科技人才职称评价机制主要存在问题

2. 青年科技人才职称晋升仍存在“卡脖子”问题

近年来，上海市陆续出台了对在科技创新工作中业绩成就突出、成果显著的优秀中青年工程技术人员，可打破学历、任职资历要求，申报高一级专业技术职称。推行“青年研究员计划”，允许破格晋升副高职称，以实际贡献为主，不将研究人员的学历作为限制条件等针对青年科技人才的放宽政策。但是根据调研数据显示（图 9），在青年科技人才职称晋升中，工作内容难以转化成有效的评价成果（54.8%），单位存在论资排辈现象（53.6%），高学历、高资历、业绩突出但年限不够（49.6%），对青年人才晋升职称不够重视（45.5%）仍然是目前存在的主要问题。

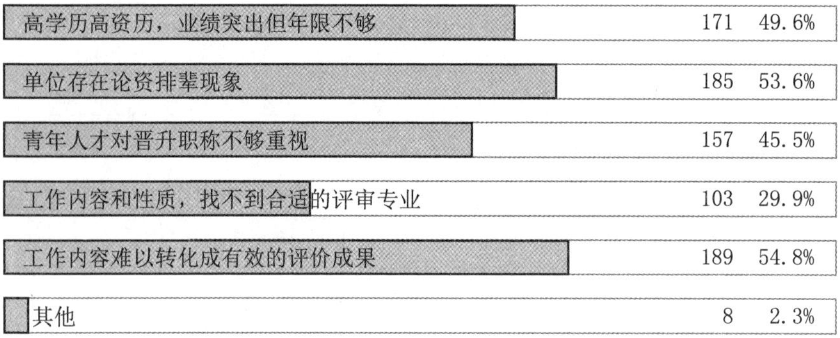

图 9　青年科技人才职称晋升存在问题

同时，在调研中发现相关部门及用人单位对青年科技人才的需求倾听还不够，在平时的工作中由于论资排辈往往无法成为项目主要负责人，因此也很难转化出有效的评价成果，并且存在“信息通道”不畅通等问题，许多青年科技人才对职称评审政策还不够了解。

3. 非公领域科技人才缺少相适性的职称评价机制

非公领域科技人才职称晋升存在的主要问题是单位不够重视，调研数据显示（图 10），非公领域科技人才职称晋升存在的主要问题有：职称与目前的薪酬待遇不挂钩（61.2%），单位缺少与职称相关联的考核评价机制（51.6%），单位及本人不重视职称（51%），评审标准与非公领域人才实际工作相适性不足（43.8%），另外，职工不了解职称的作用及评审政策也占有一定比重（37.7%）。因此，在面向非公领域科技人才职称改革时应考虑建立与非公领域科技人才工作特点相适应的职称评审政策，并加大对非公领域的政策宣传力度。

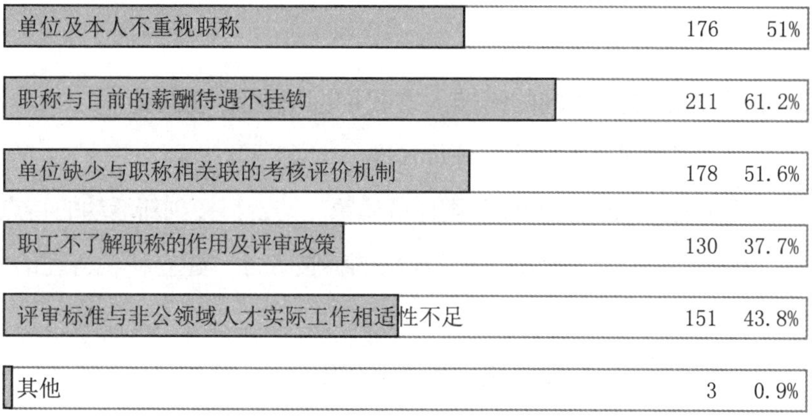

图 10　非公领域科技人才职称晋升存在问题

另外，在调研中发现人工智能领域的职称评审，非公领域申报人递交上来的材料参差不齐，课题项目的级别不一，很多评审人对申报材料不清楚，甚至会拿着目录清单到现场一一对应查看。2008 年开始，非公领域申报人数超过体制内总数，评审材料较为混乱，特别是民营企业，项目递交只有一张纸或委托合同。因此，建立非公领域科技人才相适性的职称评审机制目前是比较迫切的。

因此，在改革科技人才职称评价存在的主要问题，完善科技人才职称评价机制过程中，应尊重科技人才成长规律，多给青年科技人才机会及扶持，采取对承担国家或省部级重点任务和关键技术攻关，取得重大核心技术突破的人才，设置“直通车”，专业评委会中增加青年专家，推行代表作制度，行业龙头企业的内部人才评价指标体系作为重要参考等措施。单位及个人影响力上要将职称评价与个人晋升挂钩加深联系，调动积极性，提升单位对职称评价的重视度。在宣传普及上要加强职称评审工作的政策宣传及普及力度。下面围绕对上海科技人才职称改革面临的主要问题提出建立以创新能力为导向的科技人才职称评价思路建议。

二、以创新能力为导向的科技人才职称评价思路与建议

（一）完善科技人才职称评价标准

一是健全科技人才职称分类评价体系。结合科技创新活动的特点，针对不同岗位类型、学科领域及层次的科技人才，建立科学合理的分类分层职称评价标准和体系。对从事基础研究的科技人才主要考察学术贡献、理论水平、原始创新能力、成果科学价值和学术影响力；对从事应用研究和技术开发的科技人才主要考察其技术创新和集成能力、解决技术应用问题的能力、取得的自主知识产权和核心技术突破、成果转化和对产业发展贡献等经济社会效益和实际贡献。坚持以职业属性和岗位要求为基础，以水平业绩和发展潜力为导向，分类建立涵盖能力、创新业绩、贡献等要素且科学合理、各有侧重的人才职称评价标准；进一步完善基础研究、应用研究、技术开发、科技管理等科技创新领域人才职称分类评定标准，增加专利发明运用、成果转化推动等评价指标权重。

二是克服唯论文、唯“帽子”、唯学历、唯奖项、唯项目等倾向。摒弃简单以 SCI、SSCI、CSSCI 等论文相关指标和期刊影响因子作为前置条件和判断的直接依据，注重不同学科、不同类别的学术论文质量、贡献、影响的评价机制，注重质量评价，防止简单量化、重数量轻质量；在评价方式上，避免趋同化、数量化，注重多元化、过程化。科技人才所在单位应结合实际建立各学科、各专业领域高水平期刊目录和高水平学术会议目录，对在国内和国外高水平期刊、高水平学术会议上所发表的论文、学术报告要同等对待。科研项目的数量和经费

规模等条件作为评价的参考，注重科研成果服务经济社会发展需求和注重实际贡献的评价导向。

三是推进职称评价“立新标”。推行代表性成果评价，鼓励原始创新和聚焦社会重大需求，引导科技人才主动服务科创中心建设和上海经济社会发展，推进产学研结合。结合学科特点，探索建立包括项目报告、技术报告、学术会议报告、教学成果、著作、论文、标准规范、创作作品等多种高水平成果形式的“代表性成果”。改革外审评价机制，建立外审专家库，代表性成果可采用“双盲评审”方式，重大标志性成果可采用“透明专家”评审方式。

四是坚持全面和多维度考察，探索“全口径”业绩评价。长期以来，职称评审制度是以显性、可量化、可计算指标为基础进行评判，似乎考察范围已经涵盖了科学研究和社会服务等不同方面，但选取的指标只能反映每一方面的有限的绩效产出；针对当前职称评审制度这种少数核心指标的局限性，未来，推动“全口径”的业绩评价，告别“KPI 主义”，坚持全面和多维度考察，将成为重要的改革探索方向。“全口径”业绩评价就是在职称评审制度中对科技人才的业绩进行最为“全面”的评价，比如，以论文为例，不限定是否核心期刊，不限定发表载体在网络还是报纸；以教学为例，除了课时数量与在读学生评价，也可参考毕业生的反馈与成长情况；以社会服务为例，不限定服务对象，可以是政府、公司与社会公众，可以是公益性的服务，也可以是收费的专业服务。把这些工作内容与成就都列出来，由评委会成员判断是否符合职称晋升条件。过去“五唯”评价，推崇的是“重点方面”与“核心业绩”，而“全口径”评价则迈向相对全面的评价。

（二）优化科技人才职称评价机制

一是丰富评价方式。坚持在业内同行专家评议的基础上，综合运用基层单位推荐、学科组评议、业绩展示、实践操作等多种灵活评价方式，其中，在高级职称评审的学科评议阶段进一步完善个人述职答辩、专家问询环节。健全完善外部专家评审制度，有条件的科研院所可探索引入第三方机构进行独立评价，为内外部评审专家预留充足时间进行评鉴。注重个人评价与团队评价相结合，加强对重大理论创新成果、前沿技术突破、解决重大工程技术难题、在经济社会事业发展中做出重大贡献成果的团队评价。探索建立国防科技、公共安全等特殊领域科技人才评价办法。

二是建立人才评价绿色通道。引导科技人员面向科技前沿、面向经济主战场、面向国家和地方重大需求、面向人民生命健康开展科学研究和技术开发，注重工作实绩。对经专家鉴定取得重大基础研究和前沿技术突破，解决重大工程技术难题，在经济社会事业发展中做出重大贡献，以及在世界、全国范围的竞赛、比赛、评奖中取得具有广泛影响的高水平业绩成果的科技人才，招聘引进的高层次人才和急需紧缺人才等可拓宽范围，以便进入上海市的职称评审绿色通道；另外，人才相关单位在严把质量和程序的前提下，可制定较为灵活的评价标准，申报高级职称时对论文、著作等可不作限制性要求，根据业绩情况可申报评审高一级职称，畅通人才发展通道。对于中华技能大奖、全国技术能手、上海劳动模范获得者、创新工作室带头人等高技能人才，可直接申报评审高一级职称。

探索将科技新领域、新职业的相关人才纳入人才职称评审范围，增强人才评价与产业发展匹配度，形成有利于人才潜心工作的创新评价体系。优化调整职称专业目录，在信息科学、生命科学、新材料、人工智能等前沿领域增设评审专业。支持集成电路、生命健康、航空航天、先进制造、碳中和、大数据等领域的领军企业参与制定行业人才职称评价标准，不断满足高精尖产业及重点领域专业技术人才评价需求。

三是深入推行代表作与同行评议制度。科技人才职称评审应该致力于学术成果的创新、质量以及深度，在评价方式上应注重采用代表性成果与同行评议相结合的方法。同行评议方法符合学术的内在规定性，能够对科研成果的质量进行评定，但所需时间长、成本高，还可能出现“人情交易”。因此在对科研成果进行同行评价时，要强调对代表性科研成果的创新度、科研人员的贡献度做重点评价，并且采用双向盲审的方式，以防止“学术腐败”行为的出现。同时，建议探索“综合性代表成果”制度，成果形式不限于论文，成果属性不限于科研。在代表作的定义方面可以更加精细，成果应是具有标志性、创新性和显示度的，既可以是一种侧重基础研究的成果（论文、专利、标准、著作等），也可以是一种侧重工程应用的成果（经济效益证明、验收报告、用户报告、技术合同、销售或服务合同、检测报告等），可以是一门或几门精品课程，也可以是一种创新的人才培养方法。科技人才评价若要实现向质量和学术取向上的价值转型，将具有显示度、创新性的学术成果作为评价的重要依据是改革的重要方向；同时，单纯以代表作制度进行评价还不能做到全面考察，还要有多元化的分类评价，应积极推进和建立以代表作制度、同行评议和实际贡献为主要内容的评价方式，这样既能避免盲目的数量主义，又能使得科研人才安心于学术，促进科技人才的可持续性发展。

（三）改进科技人才职称评价方法

一是强化评审过程管理。严格落实职称评审委员会及评审专家库核准备案制度。完善评审专家遴选机制，加强评审专家库建设，评审专家应遴选相关专业领域正高级职称专业技术人员，实行职称评审回避制度。职称评审委员会办事机构须按规定抽取有关评审专家，建立评审专家责任制，落实廉政保密制度。

二是设置多类型岗位与细分学科标准。目前一些科研单位已经按照基础研究、应用研究、科技管理等类别设立了多种人才职称评审类别，其目的就是促进评审标准与科技人才实际工作相契合，但在现实情境中，这样的分类还不够精细，还难以覆盖多种复杂情况。比如，医学院的医生身兼数职，要从事本科生、研究生的教学工作，也要从事临床或基础医学研究工作，有的可能还要从事“实际操作型”的外科手术工作。为此不宜规定这类群体必须按照医生、教师抑或科技人才的某一种角色参与职称评审，应探索设置多种申报通道、提供多种选择，探索让评价对象按照自己的意愿和优势来选择人才职称评审通道；在工程领域，还可以探索工匠型、工程型、实操型等具体细分领域，等等。另外，职称评审标准应该反映学科特点，而不是为了增加不同学科之间的可比性而变得雷同和异化。总之，岗位类型还需要继续多元化、多样化，评审标准要充分符合学科特点，职称评审制度设计应起到对科技人才职业发展的支撑作用，而非裁剪、规约与支配。

三是建立“追溯制度”和“一票否决制”，确保职称评审的权威性。职称评审中，应进一步加强对科技人才的思想政治素质、工作作风等的考评，体现奖优罚劣，推进科研道德考核负面清单制度，建立个人信用记录，完善诚信承诺和失信惩戒机制，着力解决品德失范、学术不端等问题。为强化政治思想道德建设，可建立职称评审“追溯制度”，这就意味着不仅要对职称考核期内的道德行为进行考核，同时，还要对科技人才整体职业生涯的行为进行审核；另外，在品德考核中，可以考虑建立负面清单制度，从思想政治、科研教学、学术道德等多个方面制定清单，明确列举出在科技工作和生活中被禁止的行为，如有违背则依规采取相应管理措施，这样一来，就和品德考核一票否决制形成了职称评审中的联动机制。

四是划定政策试验区，为后续改革提供参考。就科技人才评价“破五唯、立新标”而言，建议列出部分高校和科研院所等进行政策试验。探索建立“政策试验区”模式非常必要，对于试验单位，应减少政府部门的评估、评价、管控，积极推行“零干预”策略。让这些单位有更大的自主权决定科技人才职称评价方面的发展方向与改革定位；鼓励有关试验单位制定精细化、差异化的科技人才职称评价体系；各单位可结合自身实际，自主设置不同类型岗位，并建立和完善与学科特色、岗位特点、研究性质相适应的科技人才职称分类评价指标和体系，探索出有上海特色的科技人才职称评价经验和模式。

上海留学归国青年科技人才城市认同与社会融入分析建议

王敬英[1]

一、上海留学归国青年科技人才基本情况

（一）回流明显，高知化的趋势显著

近年来留学青年科技人才归国就业创业意愿增强，来沪求职的留学归国人才的数量也呈现出明显涨势。据统计，“十三五”期间，上海累计引进海归人才逾 6.7 万人，比“十二五”期间增加了一倍多。仅 2021 年 1—9 月，上海累计引进留学人员超过 2.2 万人。《2023 年海外留学人才就业发展报告》海外留学人才年龄主要集中在 26—30 岁，占比 47.3%，约 9% 的人毕业于哈佛、斯坦福、麻省理工、普林斯顿、牛津、剑桥、帝国理工等世界排名前十的学校。“上海海归 300 指数”中显示，留学归国来沪创业者中博士和硕士占比高达 83.3%。

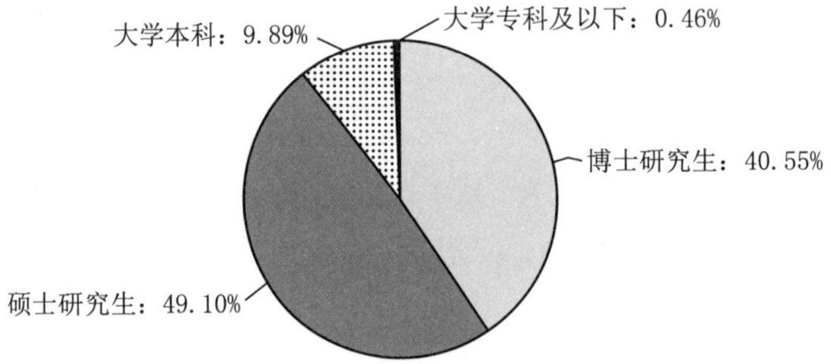

图 1　受调对象学历水平

1　王敬英，上海科技管理干部学院科技政策研究所副研究员，主要从事科技人才、科技政策研究。

问卷调查中留学归国青年科技人才对象中具有博士研究生学历的占比 40.55%，硕士研究生学历的占比 49.1%，大学学历占 9.89%。具有硕士研究生以上学历近 90%，其中博士以上学历占比四成。科技系统中的留学归国的青年科技人才学历高、知识化特征明显，高知化趋势明显。

（二）技术骨干，科研产出更有优势

调研显示留学归国青年科技工作人才的工作单位主要集中在科研机构和企业，37.3% 的受访者从事研发工作，24.5% 的受访者在科研单位中担任单位中、高层领导；大多数受访青年留学归国科技人才拥有中级以上职称，拥有高级职称的接近 1/3。由此可见，上海的留学归国青年科技人才在单位担任中高级管理人员和技术骨干的比例很高，在企业管理、市场创新、技术创新上发挥了重要作用。通过座谈会和走访调研了解到，留学归国青年科技人才在学术研究和技术创新方面整体表现要优于本土人才，相较于国内科学家来说，其科研产出的数量和质量都有更显著优势，是上海科技发展的重要支撑。

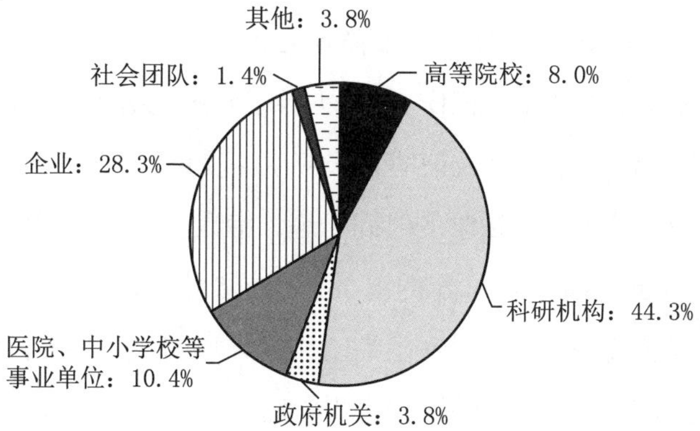

图 2 受调对象工作单位

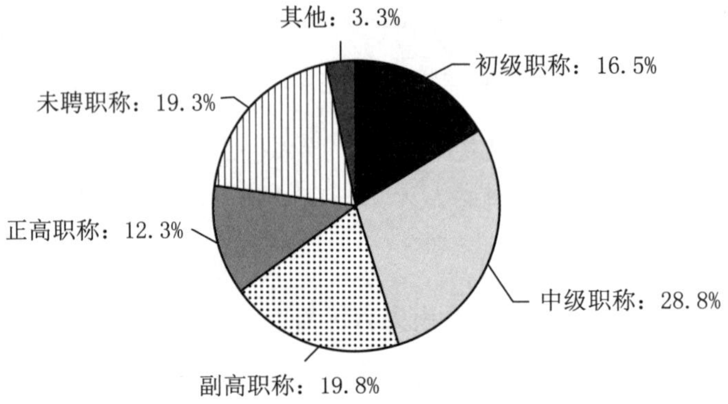

图 3　受访对象职称水平

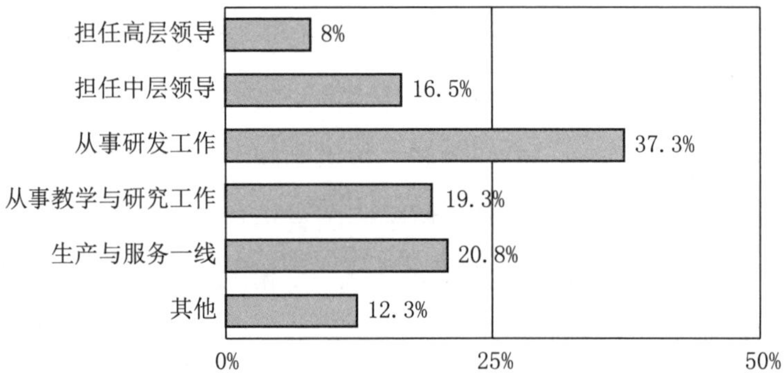

图 4　受调对象的工作性质

（三）周期加长，美欧是主要输入地

调查显示出国留学、工作 50% 以上的受访者去国外攻读硕士，有超过 1/3 的受访者是国外攻读博士研究生。受访青年留学归国科技人才在国外留学、工作、访学的时间不等，绝大多数在一年以上，其中 1—2 年的占 39.18%，3—4 年的占 23.13%，5 年及以上的占 28.79%。

通过问卷调研反映，进入上海工作青年海归科技人才留学的国家呈现全球化的特点，除了有留学美洲的美国和加拿大，欧洲的英国、德国、法国等国家，还有澳大利亚、新加坡、中国香港等众多国家和地

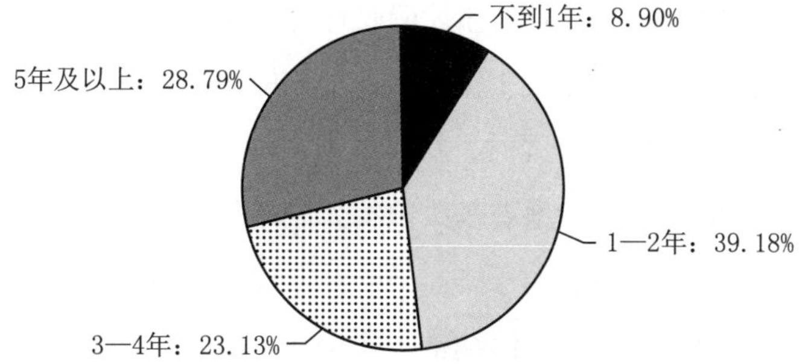

图 5　受调对象国外留学、工作年限

区。从问卷数据上看，留学欧美回国的青年科技人才远高于其他国家和地区，其中以留学美国最多，占比约达 41%，超过四成，其次是欧洲国家占比 37.3%，美欧美占比接近 80%，其他国家和地区占 20% 左右。

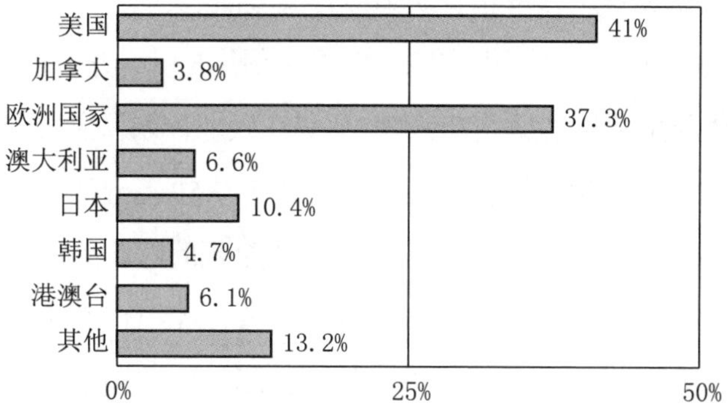

图 6　受调对象国外留学、工作地

二、留学归国青年科技人才对上海的城市认同情况

（一）上海着力吸引留学归国青年科技人才

1. 出台留学落户新政

为吸引更多的留学归国人才入沪留沪，上海市人力资源和社会保障局修改 2015 年颁布的《留学回国人员申办上海常住户口实施细则》规

定：回国后直接来上海工作，累计待业时间不超过 2 年，与申请单位签订的劳动聘用合同有效期在 1 年以上，才可准予办理户口。改变为只要 2 年内来上海工作即可。同时，新政对于毕业于世界排名前 50 名院校的留学生，取消社会保险缴费基数和缴费时间要求，只要全职来上海工作后即可直接申办落户。对于毕业于世界排名 51—100 名的全职来上海工作的留学归国人才，社保缴纳费用满 6 个月后即可申办落户。新政策放宽了海外留学入户的限制，降低了门槛，提高了落户速度，在一定程度上增加了国外毕业留学归国的青年人才进入上海的吸引力。

2. 提供资金补贴资助

上海设立专项资金，多渠道筹措经费，用于高层次留学人员来上海创业、工作、短期讲学的资金资助和有关补贴。“青年东方学者岗位计划”给予获奖者每人每年资助 20 万元，连续资助三年。其中，岗位补助每人每年 10 万元，用以支持市属高校引进和培养一批海外经历、具有较大发展潜力的优秀青年人才。“浦江人才计划”主要资助回沪工作和创业的海外留学人员及团队，最高可获得 50 万元的补贴，解决留学归国科技人才创业初期遇到的资金上的瓶颈问题。另外，上海市鼓励和支持有条件的留学创业园区建立种子资金和担保资金，为留学回沪人员提供创业资本支持和融资担保，为园区内海归学子创办的企业在吸引国际创业投资和争取上市等方面创造条件。

3. 解决子女教育需求

上海对引进的高层次留学人员，为其子女入读外籍人员子女学校提供便利。鼓励支持本市中小学为外籍人员子女随班就读创造更好条件。《鼓励留学人员来上海工作和创业的若干规定》中鼓励各区县政府创办留学人员子女班，关心留学人员子女的入学升学。持《上海市居住证》B 证的留学人员子女在学龄前教育阶段、义务教育阶段、普通高中教育阶段，与上海市民享受同等待遇。在国外生活5年以上并在国内语言文字适应期（3年）内参加上海市初中升高中考试的，可适当降低录取分数线。持《上海市居住证》B证的留学人员子女在上海市获得高中毕业文凭的，可报考市属高校，符合条件的留学人员子女可入读上海市外籍人员子女学校。政府还要求有关部门要积极创造条件，更好地满足留学人员外籍子女的就读需求。在外籍人员集中的区域，增设外籍人员子女学校，扩大国际教育资源供给，为海外高层次人才子女入读外籍人员子女学校提供便利。

4. 建立国际人才试验区

上海以自由贸易试验区、张江国家自主创新示范区为改革平台，发挥“双自联动”的优势，推进人才政策的先行先试，建立国际人才试验区，试点建立与国际规则接轨的高层次人才招聘、薪酬、考核、科研管理、社会保障等制度，支持高校、科研院所、园区等试点建立“学科人才特区”，构建灵活的用人机制，探索建立海外留学归国科技人才引进、管理、服务等机制方面的先行先试平台。上海还加快推进张江综合性国家科学中心的人才体制机制创新，在高层次人才引进、科研人员激励、科研机构评价、科研管理改革等重点难点领域进行先行先试，推动重大前沿领域跨学科交叉融合、创新要素开放共享、多主体协同创新，充分激发留学青年科技人才适应国内的工作机制与氛围，从而激发其自由探索精神和创造力。

（二）留学归国青年科技人才对上海城市的看法

1. 认同度高，有入沪发展意愿的占比大

上海通过不断创新人才体制机制，优化人才发展环境，实施更开放、积极的人才政策，吸引力和凝聚力逐步提升，海外留学归国青年科技人才对上海的认同度越来越高。2023年上半年，上海是海外留学人才最期望工作的城市占比达到31.13%，居全国之首，比第二名北京（16.19%）占比多出约一倍。

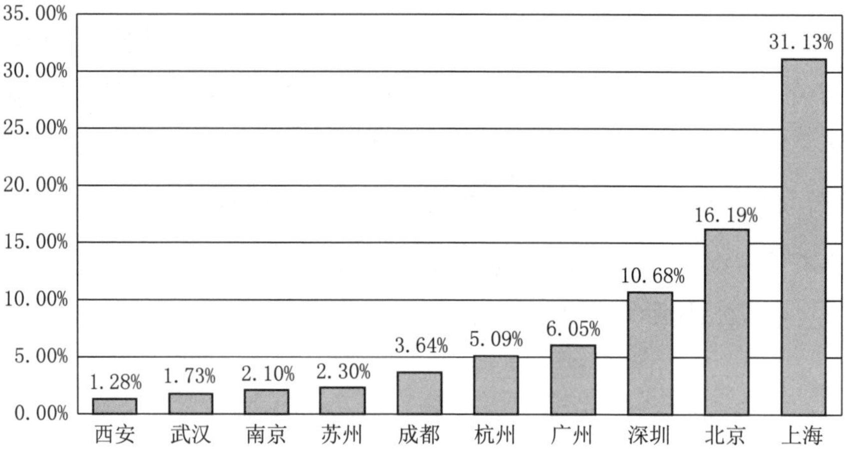

图7 2023年海外人才期望工作的城市分部 TOP 10

数据来源:《2023海外留学人才就业发展报告》，2023年，猎聘世界青年峰会

座谈和走访调研中绝大多数调研对象认为：上海是一座包容、创新、文明的城市，竞争的环境相对公平公正的城市，上海的城市有着

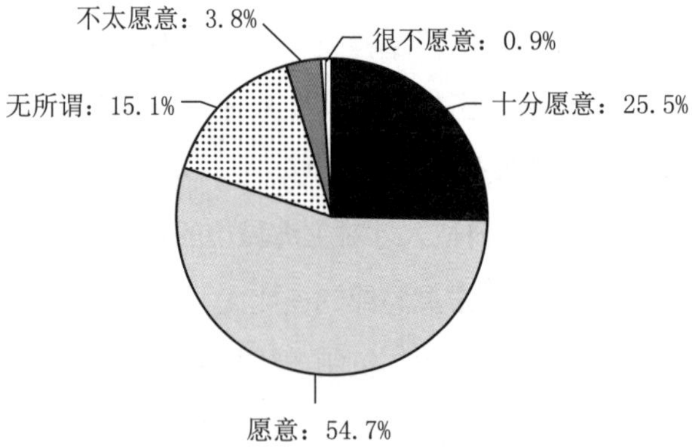

图8 受调对象留沪工作意愿

较明显的吸引力。从问卷的调研来看，受访的留学归国青年科技人才回国后在沪工作年限普遍较长，仅有12.3%的受访者在沪工作不到1年，有将近半数的受访者在沪工作1—5年，在沪工作6年及以上的近40%。同时问卷显示“十分愿意”和“愿意”继续留在上海工作和发展的受访者合计超过80%，由此可见八成以上的留学归国科技人才“愿意融入上海，成为其中一员”，呈现出较高的上海城市认同。

2. 国际化强，工作生活环境是留沪动因

从座谈以及走访调研来看，绝大多数留学归国青年科技人才对在上海的科技创新环境和生活环境的较为满意。“上海生活环境更好”获得了40%以上的受访者选择来沪工作的原因。留学归国青年科技人才

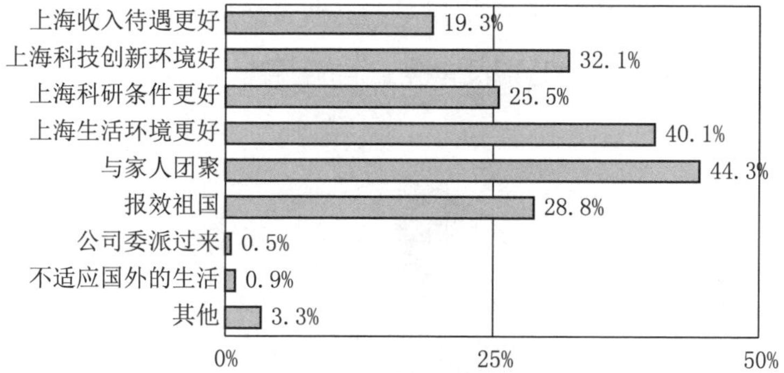

图9　受调对象来沪动因

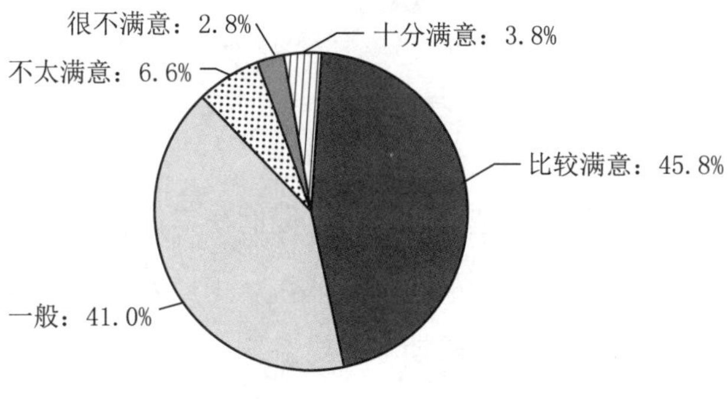

图10　受调对象对目前生活质量满意度

来沪的动因中，生活环境好是其重点考虑因素之一，而上海城市的国际化、开放度、包容性以及政府的现代化治理，城市的购物、交通等的便利化都成为留学归国青年科技人才安居乐业的重要保障。问卷显示，近半数受访留学归国青年科技人才对在上海的生活质量表示“十分满意”或“比较满意”，表示不满意的仅有不到 10%。

3. 工作稳定，科研技术攻关参与度高

对工作单位的偏好也显示，选择高等院校和科研院所的合计超过四成；选择企业的受访者中，外资企业和国有企业的比例也高于民营企业。自由的科研择业选择，使得留学归国青年科技人才能有机会选择工作的专业对口性较强，工作较为稳定和能提供科研条件更好的单位的工作，为事业顺利开展提供可能。调查结果显示，77.8% 的受访青年留学归国科技人才近期没有换工作的打算。

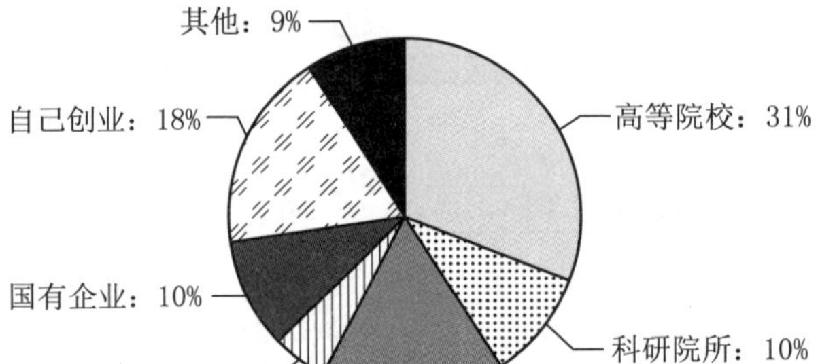

图 11　受调对象工作单位情况

受访青年留学归国科技人才表示，他们在单位的重大技术攻关项目或创新科研活动中参与程度较高，或担任项目的主要负责人，或担任项目技术骨干，或作为一般技术人员参加，总计占比约 75%。由此可见留学归国青年科技人才在科技创新攻关中扮演着重要角色，既激

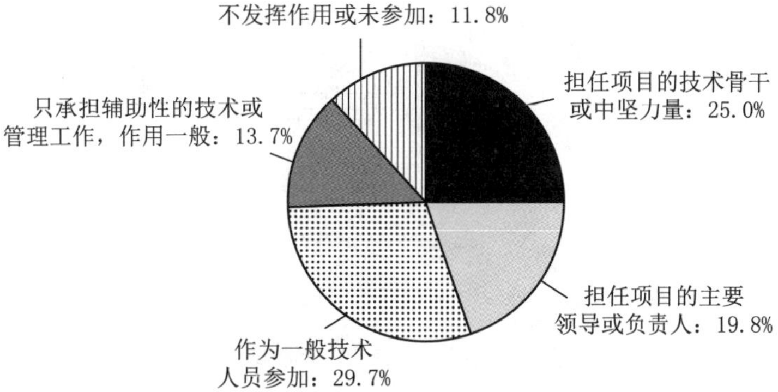

图 12 受调对象在科技创新中的角色和作用

发了工作热情也为工作产出成绩提供了可能。

4. 文化差异小，交流合作困难小易融入

虽然受调问对象认为留学归国科技人员与本土科技人员工作风格及思想观念等方面存在一定的差异性，由于沪地本身的海派文化和多年形成的国际化视野以及相对开放的价值观，使得留学归国的青年科技人才在文化与价值观上的冲突感较小，认为留学归国与本土青年科技人才合作交流因文化差异有较大影响的仅占2.5%。44.8%的受调者认为文化差异对同事之间的交往与合作影响不是很大，在工作上与其他人基本没有相处或沟通上的困难，交流合作较为顺畅，在城市工作

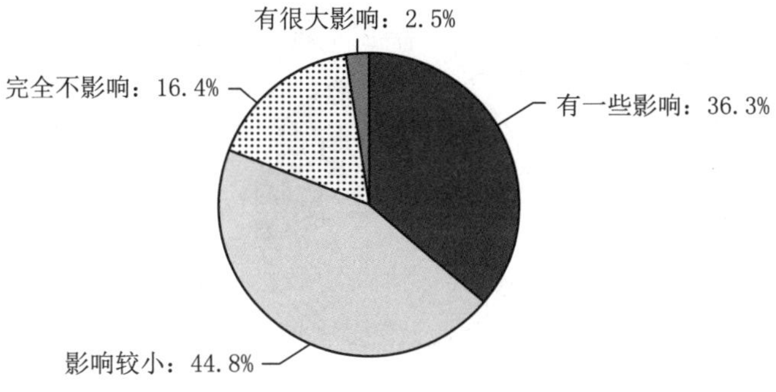

图 13 受调对象与本土科技人才差异性对合作交流的影响

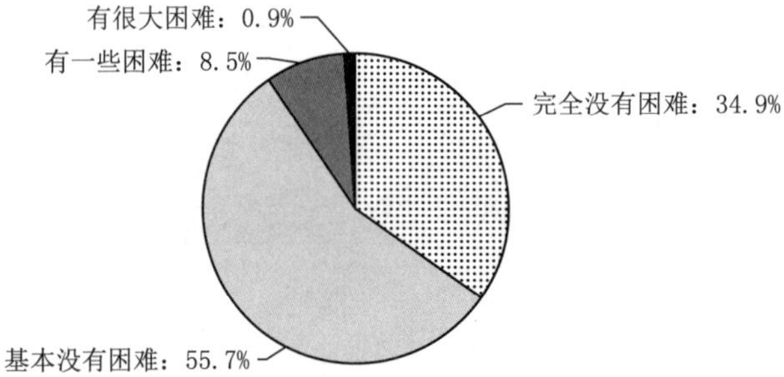

图 14　受调对象在沪人际沟通情况

生活中文化差异的影响也小，易于融入。

三、留学归国青年科技人才融入上海亟须解决的问题

1. 政策知晓度不高，政策的支持还需优化

近 70% 的受访青年留学归国科技人才表示，对近年来国家和上海出台的有关留学归国人才政策了解不多，政策知晓度不高。与此相应，受访者在对目前政府部门的科技政策与管理体制存在哪些不利于青年创新的因素判断中，认为最主要的问题是“科研项目申报程序过于复杂，要求太高”和“项目支持的覆盖面对青年来说太少”。这一结果固然与现有的科研项目申报支持制度有关，但也存在青年留学归国科技人才因没有充分了解有关政策而产生的认知偏差。

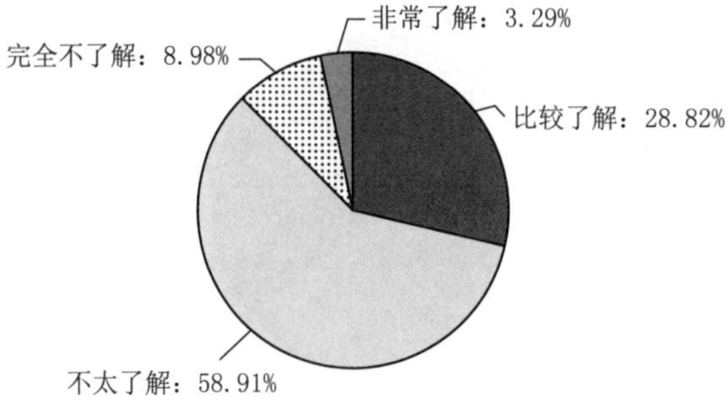

图 15　对政策的知晓度

调研中，受访青年留学归国科技人才普遍认为，现行的科技创新政策在鼓励留学归国青年创新方面，对青年留学归国人才创新创业的支持还不能满足需求，政策知晓度较低。还存在“科研项目申报程序过于复杂，要求太高”“项目支持的覆盖面对青年来说太少”“对青年科研的扶持资金太少”等问题，科研单位的行政体制也对部分青年留学归国科技人才的创新活力有所制约；支持留学归国青年科技人才创新创业政策要有符合留学归国人才的特点和需要。

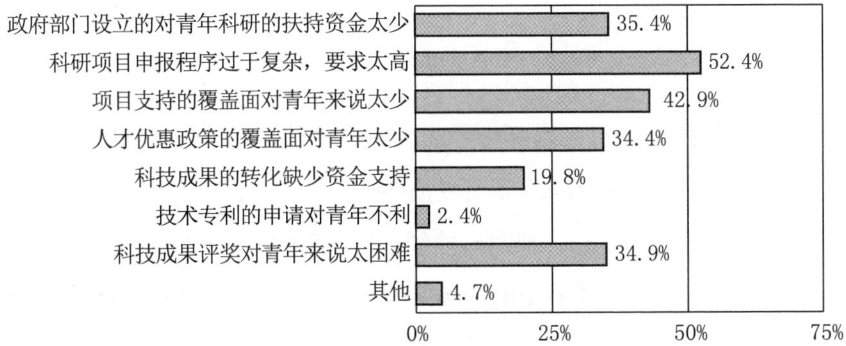

图 16　当前政策不足之处

2. 生活成本高，安居成为影响留沪首要问题

2019—2020 年上海外人才净流入排名前十城市中，上海位居流入量第一，但从 2020 届归国海外留学生城市流入量占比前 10 名来看，北京以 15.3% 的占比，排名第一；上海占比 11.09%，位居第二。从调研了解的情况来看，问到在沪工作生活中遇到的主要困难时，认为上海的消费水平是高或是太高，租房是多数留学生觉得压力较大的支出，住房问题是首要问题。租房成本高，购房压力大，有些因居住地距离单位比较远，导致通勤时间长，通勤成本高等现象。且前几年受政策影响，购房资格和购房贷款等原因也在一定程度上造成购房困难。

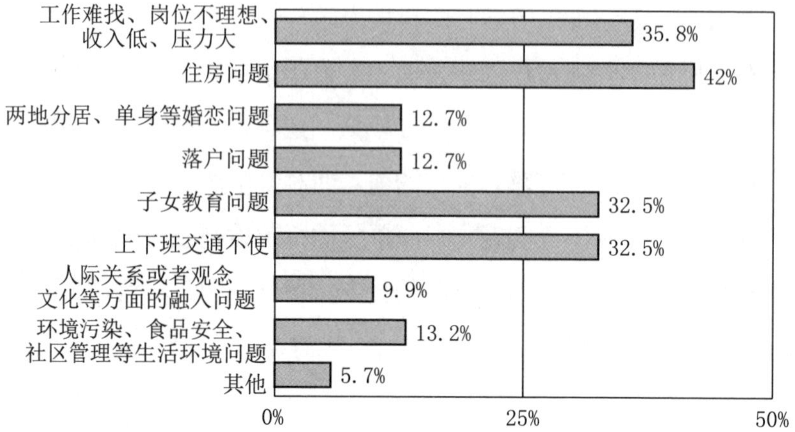

图 17　受调对象在沪生活的主要问题

3. 晋升及薪酬机制是制约事业发展的瓶颈

关于人才和人才团队创新活力的制约因素，受访对象认为最主要的是“单位体制不合理，制约科技创新”。超半数受访对象认为，对青年留学归国人才个人工作和创新积极性的最有效激励途径是改善增进工资福利待遇和职务晋升。

获得的满意薪酬是青年科技创新人才安心科技工作，把冷板凳坐热的基本保障。受目前的科研体制和机制的制约，虽然上海留学归国青年科技人才学历普遍高，科研能力强，但从调研的情况来看，青年科技人员的薪酬收入水平普遍偏低。由于受现行的科研人员薪酬体系的影响，上海与江苏、浙江等周边城市相比青年科技人才总体收入水平并不高，且稳定收入部分的比例也较低。绩效工资总额对体制内青年科研人员的实际工作量和实际工作贡献的限制还是比较大。据调研统计显示，约六成（59.09%）以上的调研对象认为“薪酬待遇太低，收入水平与上海的消费有差距”，认为这是影响留学归国青年科技人才在上海科技创新中心建设中充分发挥创新能力的最大瓶颈。

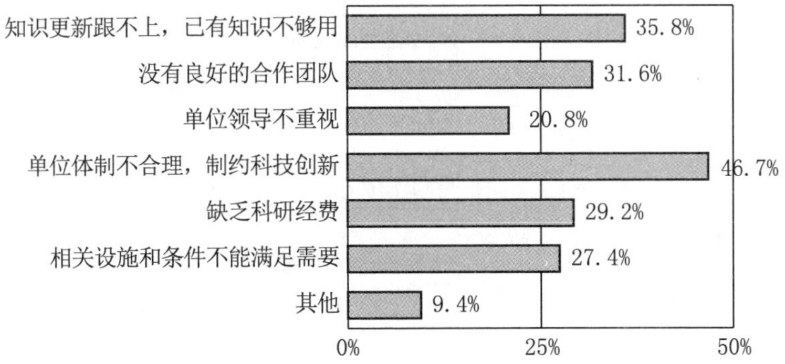

图 18　受调对象创新活力的制约因素

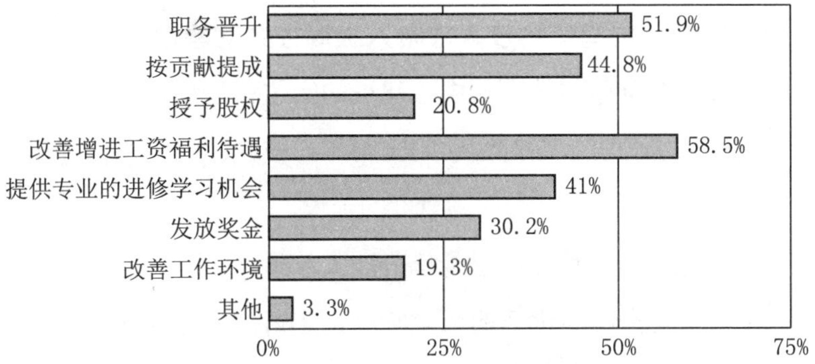

图 19　受调对象积极性的有效激励途径

4. 拓展人脉和融入社会渴望获得更多帮助

更多的受访留学归国青年科技人才认为，组织对留学归国青年科技人才发展有着重要作用，尤其是在帮助留学归国青年人才拓展人脉方面，占比达 59.9%，近六成的海归青年希望在拓展人脉上能获得组织给予的更大帮助。50% 的受调者和受访者希望组织能提供便利条件和一定的机会，多组织一些活动，增加留学归国青年科技人才与国内人才进行交流交往，更快更好熟悉和适应环境和融入国内环境。

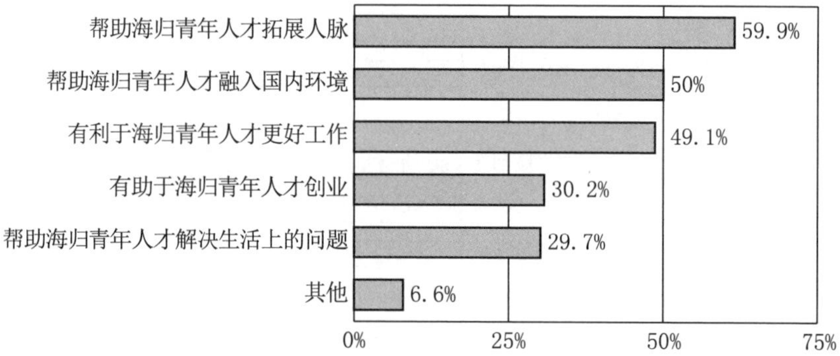

图 20　受调对象对组织帮助需求

四、推动留学归国青年科技人才融入上海社会的建议

从满足上海全球科技创新中心建设的定位和加快高水平人才高地建设的战略需求角度，面对留学归国青年科技人才的需求，提出如下增强上海城市的吸引力，增加满意度的建议。

1. 优化政策，适度向归国青年科技人才倾斜

为了吸引更多的更优秀的留学归国青年科技人才入住上海，更好地融入上海，上海政府进一步构建更加开放、更具竞争力的人才引进政策环境。针对上海科创中心建设、国家重点试验室建设等都需要大量引进高端的基础性研究的青年留学归国人才，由于基础研究领域工作时间长、周期长、待遇低、工作辛苦，引进和留住基础研究人才就成为一个相对的难题，政策适当向留学归国青年科技人才，尤其是基础研究的青年科技人才倾斜。如在市科技人才计划、市自然科学基金等自由申请类项目中，应该增加留学归国科技人才项目的比例，对愿意回国并留在上海进行基础性科学研究的留学归国人才给予更多的政策支持。

2. 创新机制，提高待遇予以更好生活保障

面对入沪留学归国青年科技人才一方面面临买房、结婚和养育子

女等生存和生活压力，另一方面青年人才受现行体制机制的制约，职称、工作年限、职位等原因造成的收入低和需求倒挂，部分青年科研人员的行政性事务负担较重，晋升通道有限等现象，要进一步完善行政体制，改进青年科研人员的绩效评价体系，将工资待遇与科研创新业绩更紧密挂钩，打通职务晋升通道，进一步激发青年留学归国科技人才的创新活力和创新热情。鼓励科研单位建立灵活的人才激励机制，要构建具有竞争力的人才激励制度体系，让做出贡献的留学归国青年人才不仅工作上有成就感、获得感，同时提高薪酬待遇有所提高。

3. 有的放矢，加大创新创业资助扶持力度

尽管近年来上海对青年人才的扶持力度也在加强，如上海的“浦江计划”对青年人才的扶持已达每年 15 万—50 万元一人，“青年科技启明星计划”人才人均资助金额从 20 万元一人提升到 40 万元一人，“青年英才扬帆计划”人均资助金额从 10 万元提升到 20 万元一人。这个支持的金额相比较国内的一些省市来说还是缺乏吸引力，对于青年留学归国人才的科研发展和创业发展而言力度也是不够的，且各类的人才扶持计划的支持力度很相近，这种普惠型的扶持，有的不解渴，有的因数量限制拿不到。建议能在重新整合青年留学归国人才扶持计划的情况下，重新规划扶持类别与力度，按照扶持类别的不同，适当加大对留学归国青年科技人才的资金扶持力度。

4. 发挥组织作用提升青年科技人才融入感

留学归国青年科技人才学历背景和工作能力普遍较强，在追求事业发展的同时也很注重生活质量和个人能力提升，在青年留学归国科技人才队伍中充分发挥青年组织的凝心聚力作用，通过组织活动拓宽青年留学归国科技人才获取信息和培养渠道。如在青年留学归国科技人才最需要的落户、就业、创业等相关政策方面提供更多咨询和指导，

组织创新创业知识更新或专业培训服务。对于长期留学归国初期不适应的青年科技人才的在心理调适、环境融入等方面予以更多关心，多组织各界青年科技人才联谊活动，既满足留学归国青年科技人才的能力提升和交流进修需求，同时也增加相互间交流机会和交流沟通途径，帮助留学归国青年科技人才扩展交友圈，促进跨系统、跨单位间的合作交流，扩大人脉，既有助于事业发展也有助于其更加畅通地融入社会。

第三部分

发展案例

发挥党管人才优势，推进高水平科技人才发展
——以上海市研发公共服务平台管理中心工作实践为例

上海市研发公共服务平台管理中心[1]

一、背景和意义

人才作为第一资源，直接关系到我国的科技创新能否实现跨越式发展，也是实现中华民族伟大复兴的关键所在。习近平总书记在党的二十大报告中提出，要坚持科技是第一生产力、人才是第一资源、创新是第一动力，要坚持科技自立自强、人才引领驱动，着力造就拔尖创新人才，聚天下英才而用之。

从历史经验来看，举国体制曾经作为党管人才的一个具体抓手，充分发挥了我们党的号召力、领导力和协调督促作用，并凝心聚力解决一些全局性、战略性、前瞻性的重大问题。新中国成立后，举国体制在经济建设、科技、教育、卫生、体育等各个领域发挥了重要作用，充分调动了各方面人才的积极性，把有限的人力资源集中起来办成了许多大事，有力地改变了新中国一穷二白的面貌。当前，国际形势复杂，全球人才竞争态势严峻，西方发达国家通过多样化的移民政策、宽松的留学生签证政策以及便利自由的出入境政策吸引集聚全球优秀人才和青年人才。以美国为首的西方国家，在“高精尖缺”人才的争夺上无所不用其极，甚至使用手段阻止人才回国发展。中国要解决“卡脖子”问题，首先要解决“人才荒”。科技场上的“战争”本质是实现人才缺口的补位

1　上海市研发公共服务平台管理中心课题组成员：黄鹏、陈琪、王茜、戴杨、盛易学、阮姝、王旭阳、曹睿，主要执笔人：黄鹏、阮姝、王旭阳、曹睿。

和持续发展。因此要在社会主义市场经济条件下，继续发挥好党管人才的制度优势，探索建立新型举国体制，更好地推动科创中心建设，集中力量攻坚克难，加快实现高水平科技自立自强。

上海市研发公共服务平台管理中心（简称“平台中心”）在具体工作实践中，通过全球高层次科技专家信息平台提供荐才、选才、引才服务，通过外国人才在上海全周期服务平台着力推进人才工作数字化转型，拓展专家平台应用场景，多载体、多机制合力推动服务体系不断优化，为上海市科技工作党委更好地发挥党管人才的优势，推进高水平科技人才发展提供了工作抓手和平台支撑。

我们从实践案例中展开研究，关注目前高水平科技人才发展的需求和面临的难点，围绕党建引领凝聚合力这一主题，结合开展全球科技人才数据挖掘、海外高层次人才引进评估、引才路径构建及人才服务等工作，探索发挥党管人才优势，让高水平科技人才“发掘—评估—引进—发展”的路径更加顺畅，流程进一步优化，真正让人才引得进、留得住、流得动、用得好，为上海广聚海内外英才，为打造科技人才生态系统和国际人才枢纽做好支撑服务。

二、加快建设上海高水平人才高地，持续助力高水平科技自立自强

当前形势下，科技的竞争，归根到底是人才的竞争。上海加快建设高水平人才高地，是我国加快建设创新型国家、全面建成社会主义现代化强国的内在需要，也是上海实现高质量发展，创造新奇迹、展现新气象的必由之路。必须把建设高水平人才高地作为上海人才工作的总抓手、总牵引，努力打造我国建设世界重要人才中心和创新高地的重要战略支点，在人才强国雁阵格局中发挥“头雁效应”，带动全国加快形成人才资源竞争优势。这对人才工作特别是科技人才工作有更高要求。

（一）彰显国际化人才导向，深入推进高水平人才国际化向更高层次迈进

人才国际化对推动未来国际化大城市的高质量发展将起到重要作用。上海需深入探索如何在人才引进等方面与国际接轨，如何在人才使用、人才激励等方面改革创新，探索出一条适合上海建设高水平人才高地要求的具有上海特色的人才国际化道路。上海作为“国际人才特区”，要发挥人才引进和人才开发的品牌效应和放大效应，积极吸引集聚全球各类优秀人才近悦远来，把握创新发展、产业变革、人才流动的趋势，把握全球人才链、创新链、产业链变迁的新特点，加快“走出去”的步伐，加大海外空间、全球布局的拓展力度，让更多海外人才向上海集聚、靠拢。

（二）贯彻人才引领发展战略，进一步加快上海建设国家战略人才力量

战略人才站在国际科技前沿、引领科技自主创新、承担国家战略科技任务，是支撑我国高水平科技自立自强的重要力量。习近平总书记指出，“要把建设战略人才力量作为重中之重来抓”。上海将建设战略人才力量作为加快建设高水平人才高地的重点任务进行谋划，制定支持在沪国家实验室人才发展的相关政策，健全具有全球影响力的科技创新中心框架体系，加快建设张江综合性国家科学中心，推进卓越制造人才提升工程，实施集成电路、人工智能、生物医药三大产业人才培育专项等。

（三）落实科创中心发展需求，聚力打造引领发展的科技创新人才队伍

聚天下英才而用之，率先实行更加开放更加便利的人才引进政策，积极引进培育高层次人才、拔尖人才和团队特别是青年才俊，贯彻落实人才引领发展战略，建设全球科技创新人才高地。落实上海科创中心发展需求，大力集聚和培育一批具有国际影响力的高层次科技创新人才和团队，加大对优秀青年科技人才的扶持力度，支持青年人才潜心钻研、建功立业、全面培育原始创新能力，引导科学家将科研兴趣与国家战略需求紧密结合，围绕集成电路、生物医药、人工智能等重点领域，加快形成科技创新人才集聚效应、鼓励各类人才科技创业，打造一批具有标杆效应和高成长潜力的企业家、加快建设专业化、市场化、国际化的科技服务专业人才队伍。

三、充分发挥党管人才优势，持续健全新型举国体制

平台中心党总支始终注重有效提高党员干部积极投身科技管理工作的责任感与荣耀感，抓牢“科技资源开放共享、科技人才发展服务、外国人来华工作服务”中心三大重点工作，深入推进科技资源与人才的统筹发展，服务国家长三角一体化战略，在科技资源开放共享、资源及人才研究、创新政策落实、高层次人才评价以及外国人来华工作服务等方面取得突出成效。构建研究性单位，聚焦“功能型、研究性和专业化”的核心定位，积极构建涵盖人才、项目、基地、仪器、数据等科技创新资源的数据平台，有效落实上海科技创新中长期和“十四五”规划，积极助力上海科创中心建设。

（一）建设全球高层次专家平台，做强人才挖掘的“探照灯”

专家平台以国际视角、多元融合、科创特色、需求导向为基本建设原则，以人才评价研究、人才资源数字化、支撑人才服务为抓手，充分发挥党管人才制度优势，技术赋能推动人才工作数字化转型，紧跟海内外人才引进需求，深化建设全球高层次科技专家信息平台，立足人才平台功能定位，深入推进高水平人才数据情报服务。已经基本构建千万级

科创人才智能推荐平台，助力科技人才发现与评价等人才工作。

（二）打造华侨华人基地，画好统战“同心圆”

2022 年，上海华侨华人科创服务基地将聚焦“加快建设世界重要人才中心和创新高地”的战略目标，深入贯彻落实中央人才工作会议和上海市人才工作会议精神，以“为侨服务、凝聚人才”为总体工作思路，紧扣市委统战部和市科技两委的工作要求，紧贴引智工作实际需求和华侨华人群体特点，充分发挥服务基地资源整合、协调共享作用，提供来沪发展便利通道、建设引智荐才服务站、建立健全海外侨智数据库、拓展引智延揽渠道，持续推动人才、科技、项目与国际合作紧密相连，为深入推动上海科创中心建设贡献力量。

（三）搭建外专全周期服务平台，当好为人才办实事“服务员”

平台中心结合上海来华工作许可的实际，构建“上海国际人才服务体系”，以上海国际人才服务为主线，以科创为聚焦点，拓展搭建国际人才服务载体平台。充分发挥社会资源、社团组织、第三方服务机构、用人单位的主体作用，构建“1+5+5+X”的国际人才科创服务体系，打造 1 个上海国际人才服务平台；构建 5 个服务板块。通过打造引智品牌项目“到上海去”、保障来华工作审批业务不间断、创新便利化服务举措支撑上海外国人才供给、建立高端外国人才联合服务渠道、厚植国际朋友圈等举措，做好国际人才服务、彰显人民城市温度。

四、实践中发现人才工作问题，为更好发挥党管人才优势提升能力

平台中心充分发挥党管人才优势，助力健全完善新型举国体制，在上海科创中心建设中为持续实现高水平科技自立自强、加快建设上海高水平人才高地，在人才发现、引进、服务等多个人才工作方面结合自身优势做好人才工作，然而实践之中仍存在一定问题。

（一）全球高层次科技专家信息平台有待提升

1. 专家数据池的质和量还有待提高

数据来源还需拓宽，仅有数据的清洗加工质量还需提高，人名消歧、信息抽取等技术还需进一步加强，数据字段标准还需建立，数据底座的架构需进一步优化。

2. 评估评价能力和效率还有待增强

人才的评价维度还需更加多元，评价指标需更加精细且更好量化工具化，对不同类型、不同层次、不同领域的人才评价需更加科学高效，其中数据关联和抽取模型需进一步优化，人工智能和大数据技术的应用还需进一步探索。

3. 对外服务的机制和模式还有待优化

基于广泛需求调研挖掘开展的主动化人才情报服务机制还需进一步完善；人才大数据的应用场景还需进一步拓展，人才大数据产品还需进一步创新，引才引智渠道还不够畅通。

（二）全周期人才服务体系建设中有待完善

1. 对国际人才获得公共服务缺乏必要性认识

国际人才的公共服务还处在自发的状态。这与日益增多的国际人才数量和需求，日益激烈的国际人才竞争格局，日益提高的“来得了、用得好、待得住、流得动”的工作要求不相适应。

2. 提供公共服务类型还缺乏总体概括和系统梳理

国际人才公共服务集中在行政许可事项方面，缺乏工作、创业、生活、学习等全过程公共服务需求的系统分析和梳理，未能有效把握处于不同发展阶段国际人才的针对性需求和系统性安排。

3. 提供国际人才公共服务机制上缺乏必要设计

第一，公共服务涉及面广、部门众多、国际影响深，目前缺乏一个明确的外国人才公共服务宏观管理、重大决策、整体规划、监管规范的牵头部门，对其具体职责、权利、任务边界也缺少明确的规定，部门间协调机制、议事规则亟待健全。第二，我国缺少对专业机构、志愿团体、企业承担公共服务的设计，未能让对象更加公平、便捷、高效地获取各类公共服务产品或内容。第三，缺少专门化的外国人才公共服务平台，国家缺少整体性、示范性、引领性的服务平台，地方上综合性公共服务物理载体也亟待建立健全。第四，相关法律法规的建立、制度建设等方面比较滞后，难以给国际人才公共服务发展提供必要的支撑、规范和保障。

五、未来工作展望及建议

（一）坚持党对科技人才工作的全面领导

办好中国的事情，关键在党，关键在人，关键在人才。习近平总书记在党的二十大报告中指出，“教育、科技、人才是全面建设社会主义现代化国家的基础性、战略性支撑”。坚持党的全面领导是我国人才工作最根本的政治优势、最重要的成功经验，深入实施新时代人才强国战略，全方位培养引进用好人才，根本在于全面贯彻习近平总书记关于做好新时代人才工作的重要思想，始终坚持党对人才工作的全面领导不动摇。科技人才是国家发展最核心的要素，坚持党对科技人才工作的全面领导是实现高水平科技自立自强的最重要、最核心原则。从总体目标上看，党管干部、党管人才通过实施人才强国战略，为实现中华民族伟大复兴中国梦提供有力人才支撑；从核心任务上看，党管干部、党管人才从体制和制度上解决人才优先发展问题，运用党拥有的强大资源整合力、统筹协调力、组织动员力和决策执行力，管宏观、管政策、管协调、管服务，确保人才工作健康发展；从领导方式上看，党管干部、党管人才坚持牵头抓总，形成党、政、企、事、群各方面协同发力的工作新格局，充分发挥党的思想政治优势、组织优势和密切联系群众优势；从政治责任上看，党管干部、党管人才动员全社会创造人人皆可成才、人人尽展其才的良好环境，依法保护人才合法权益。因此，要切实落实党管干部、党管人才原则，就必须坚持党对人才工作的全面领导，这也是我国做好新时代人才工作的独特制度优势。

（二）坚持落实党管人才原则，开创科创人才工作新局面

1. 把握“四个面向”科技创新方向，加大科技创新人才集聚力度，推动党管人才技术赋能

统筹运用数字化技术、数字化思维、数字化认知，把数字化一体化贯穿到人才发展治理全过程，运用大数据、云计算等技术手段，对人才发展治理机制、方式、流程、手段等进行全方位系统性重塑。平台中心历时多年打造的全球高层次科技专家信息平台坚持“四个面向”（坚持面向世界科技前沿、面向经济主战场、面向国家重大需求、面向人民生命健康）科技创新方向，积极推动人才工作数字化转型工作，在服务国家战略科技力量、服务“卡脖子”技术、服务科技型企业上下功夫，利用数字化手段、大数据技术帮助解决各类创新主体在发现人才、评价人才、引进人才等工作链条遇到的难题与困境，提升引才工作效率，助力上海加快建设高水平人才高地。

2. 加强中华儿女大团结，巩固扩大爱国统一战线

以“为侨服务、凝聚人才”为总体工作思路，以服务人才为切入点，充分发挥市、区统战部门协调各方的作用，整合科技、人社、教育、医疗、园区等各方资源，以闵行区科技园区为试点，建立引智服

务机制，推动各方面政策、资源、服务的叠加。以侨梦苑为载体，聚焦在沪华侨华人中的高端科技人才和高科技企业家，深入了解其创新创业过程中的需求和遇到的难点堵点，以建设基地服务联盟为抓手，引入更多的专业服务机构，形成市场化服务机制。搭建多层次的联谊交友平台。聚焦国家实验室，继续办好海聚英才“华侨华人创新创业分享沙龙”系列活动，提升一站式侨政面对面上门服务的频次和覆盖面，探索开展华侨华人高层次人才进园区和“侨瞧上海”华裔青一代感悟上海科技等活动，不断增强基地活动的吸引力。

3. 营造科技人才创新活动氛围，推动人才沉下去留得住

激发党管人才服务活力。创优留才环境，落实留才责任，强化留才保障，提高人才服务水平，营造良好的硬环境和软环境，为人才干事创业营造富有活力的体制机制和制度保障，真正形成关心、爱护、支持人才发展的良好格局，让人才有更多归属感、获得感，建立起适合人才长期发展的良好生态，有效形成“人才黏性”。平台中心积极推进人才软环境建设，专人专班对接外籍高层次专家，保障好人才工作、生活等疑难问题，积极开展“外国人才在上海”国际沙龙、“上海市慰问外国专家云聚会”等活动，营造良好氛围，提升上海城市吸引力。

4. 遵循科技人才科学成长规律，充分激发人才创新活力

完善党管人才组织体系。实行人才工作专项述职评议制度，建立人才工作联络员工作职责和管理制度，实行动态管理，及时反映人才意见和要求，破除制约人才聚集、成长的体制和制度性因素，放活、放开各类人才政策，给人才“松绑”，释放“人才红利”。遵循科技创新规律和人才成长规律，以激发科技人才创新活力为目标，按照创新活动类型，构建以创新价值、能力、贡献为导向的科技人才评价体系，

引导人尽其才、才尽其用、用有所成。平台中心积极研究各类科技人才评价模型，并利用数字化手段模拟专家评分，辅助专家评分，提升人才评价工作效率，开发 GES 智能打分系统，积极服务于上海海外高层次人才计划。

科技人才评价改革实践探索
——以上海市生物医药技术研究院为例

上海市生物医药技术研究院[1]

《中共中央关于制定国民经济和社会发展第十四个五年规划和二〇三五年远景目标的建议》提出，健全以创新能力、质量、实效、贡献为导向的科技人才评价体系。为进一步深化改革重组成效，健全符合事业创新发展的人才评价机制，本课题组以改革重组背景下的上海市生物医药技术研究院（简称“生研院”）为研究样本，围绕服务生研院事业高质量发展目标，就科技人才评价改革开展实践探索，并进一步思考科技人才评价实践效果，以期充分激发人才创新活力，为生研院更好助力上海生物医药领域发展以及具有全球影响力的科创中心建设夯实人才支撑。

一、实施科技人才评价改革的意义

（一）贯彻落实上级决策部署的必然要求

党的十八大以来，党中央高度重视科技人才评价改革，多次提出要坚持“破四唯”和“立新标”并举，健全以创新能力、质量、实效、贡献为导向的科技人才评价体系。2022 年 9 月，科技部等八部委联合印发《关于开展科技人才评价改革试点的工作方案》，并将上海纳入 6 个改革试点地方之一。作为比较典型的市属科研院所，生研院在单位

1　上海市生物医药技术研究院课题组成员：刘海峰、傅大煦、王震、王健、黄薇、王颖、芦洁、李怡、黄超、张鑫，主要执笔人：黄超。

性质、规模人数、业务类型、科研领域等诸多方面都十分符合改革试点的要求，结合自身重组改革的机遇，生研院积极参与国家科技部下达的科技人才评价改革试点任务，并设立课题开展前瞻性和辅助性的研究探索，站在政治高度重视此项工作，争取在理论和实践两个层面取得进展，尝试将中央、上海市委有关重要决策部署贯彻落实到位。

（二）推进生研院机构职能转变的实际需要

改革重组后，生研院所承担的职能发生重大转变，科研领域、类型和管理体制机制都面临调整。对此，需坚持“四个面向”战略方向，强化科技、人才发展机制层面统筹谋划，通过调整科技人才评价“指挥棒”等措施，推动原有科研、人才发展方向及时做出相应调整，并进一步整合三家单位技术与人才优势，促进各学科交叉融合，发挥好 1+1+1 ＞ 3 的效应。

（三）激发改革重组后人才创新活力的关键举措

当前，生研院正处于重组整合初步完成后起步发力的关键时期，现阶段各项改革举措将很大程度上影响未来发展的方向、方式和成效。立足这个关键节点，通过开展科技人才评价改革，建立健全符合生物医药创新发展和生研院改革发展实际需要的科技人才评价改革体系，既有助于将真正想干事、能干事、干成事的优秀科研人才选出来、推出去，也有助于充分释放人才创新活力，营造优良科研创新生态。

二、研究方法

（一）文献检索法

深入学习习近平总书记在中央人才工作会议等重要会议上的讲话，查阅中央及上海市委关于人才评价、人才体制机制改革相关政策，以及相关省市和企业、高校、科研院所关于科技人才评价改革经验做法等资料，进行汇总梳理，为开展本课题研究探索提供理论文献依据。

（二）访谈调研法

一是前往中国科学院上海营养与健康研究所、上海农业科学院、上海计算机软件技术开发中心等具有科技人才评价改革相关经验的兄弟院所开展调研，学习经验做法。二是召开 7 次院内专题讨论会，听取相关人员关于现行人才评价机制的意见建议，研究讨论改革思路与举措。

（三）问卷调查法

对本课题研究探索过程中涉及的科技人才评价改革相关问题进行汇总梳理，制作调查问卷，并在一定范围内发放。结合问卷调查结果，开展有针对性的探索与研究。共计发放调查问卷 258 份，有效回收 179 份。

三、现状与挑战

（一）生研院科技人才现状

截至 2022 年 9 月，生研院共有科研人员 223 名（科研人员专技职称类别、等级、学历情况分别如图 1、2、3）。科研人才队伍整体呈现研究类人员多、高级职称多、学历层次高的特点。

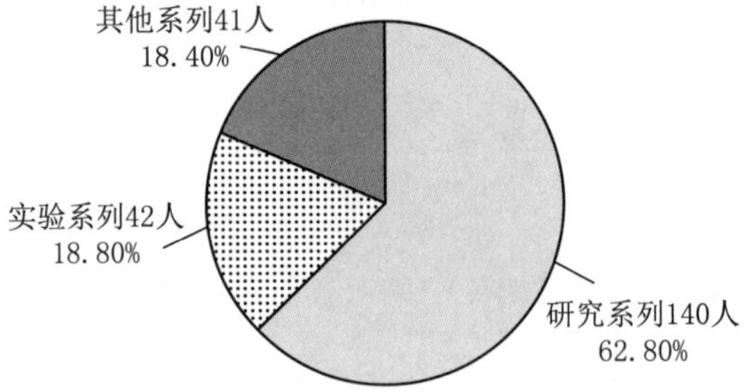

图 1　专技职称类别分布

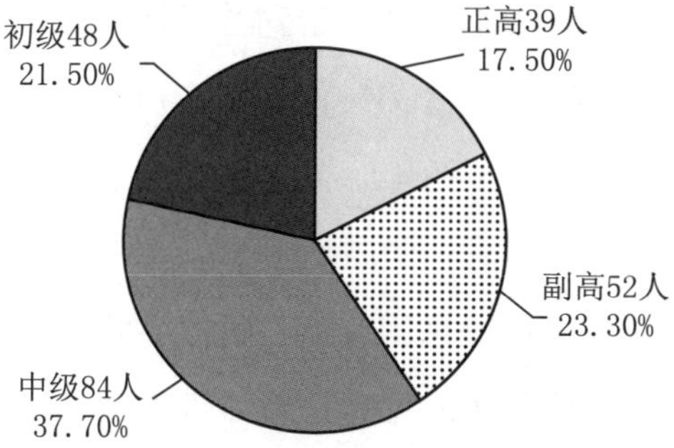

图 2　专技职称等级分布

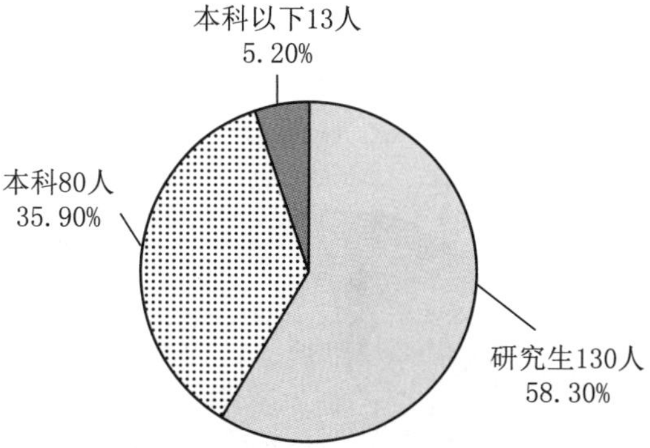

图 3　学历分布

（二）困难与挑战

1. 科技人才合理分类存在挑战

根据目前科技部关于科技创新活动总体分类，科技人才被划分为“基础研究类”“应用研究和技术开发类”“社会公益研究类”“承担国家重大攻关任务类”等四大类别。虽然这些类别基本涵盖了现有科技人才类型，但在实际工作中，由于基层科研机构的科技创新活动侧重、科研人员数量和类别结构各有不同，导致人才分类难以与此完全吻合。由此，如何在科技部关于科技人才分类总体框架指导下，建立符合实际的科技人才分类评价体系成为开展科技人才评价改革的首要挑战。

2. 科技人才评价指标科学性和针对性不足

根据问卷调查结果，超过 33% 的受访人员认为，原有评价指标缺乏足够的科学性和有效性（图 4）。超过 59.8% 的受访人员认为，评价指标仍一定程度存在“四唯”倾向（图 5）。主要体现为：论文、奖项等指标在整个指标体系中的占比偏重，难以完整反映受评价人员真实科研水平。而评价标准的单一，也难以体现不同类别科研创新活动的需求导向。此外，过分强调评价指标的量化和细化，就可能以贡献、效益等易于量化的项目测评取代人才评价，也就难以客观全面地反映人才的综合水平。

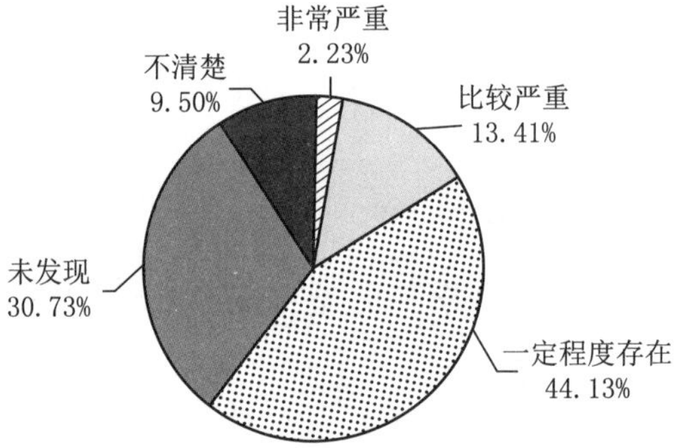

图 4　评价指标科学性、有效性调查结果

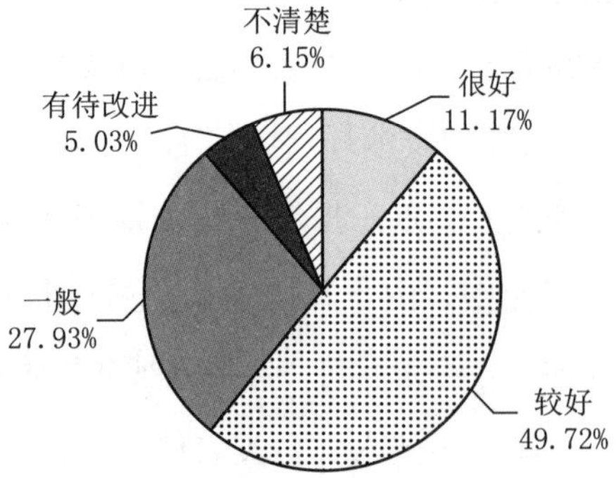

图 5　评价指标“四唯”情况调查结果

3. 科技人才评价机制科学性和有效性不足

从问卷调查结果来看，超过 34% 的受访人员认为，原有的科技人才评价机制的科学性和有效性存在不足（图 6）。22.9% 的受访人员存在因为担心信息泄露而影响真实评价意愿的顾虑。而“对于被评价人员了解不足，或仅依靠所提供材料和汇报无法准确评价”“人际关系影响”以及“给予参与评价人员充分评价的时间不够”被认为是影响科技人才准确评价的前三项因素（图 7）。

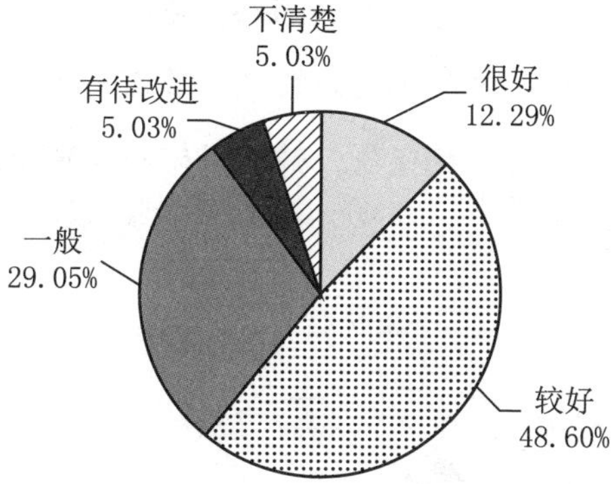

图 6　评价机制科学性、有效性调查结果

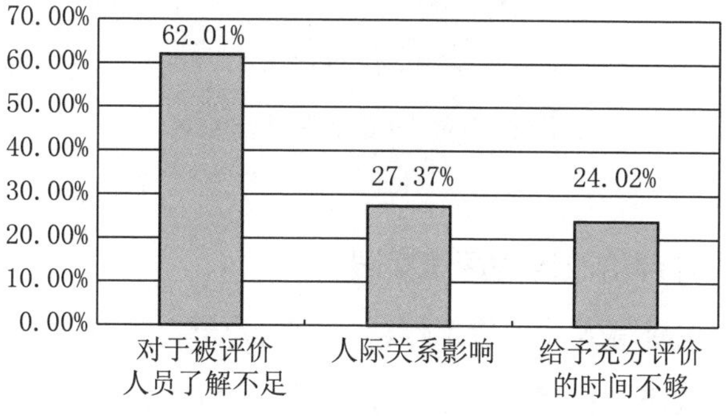

图 7　影响准确评价因素调查结果

4. 评价结果应用的有效性和统筹性不足

从问卷调查结果来看，超过 33% 的受访人员认为，目前对于科技人才评价结果的应用情况为“一般”或“仍有待改进”(图 8)。一方面，是对于评价结果“怎么用”的系统性谋划有待加强。人才评价后，容易简单采取提升薪酬绩效等方式来激励考核评价优秀的科研人员，而忽视了给予其所需的科研资源、岗位锻炼等方面的支持。另一方面，由于机构体制以及既有政策等因素限制，在人员评聘、管理与专技岗位转换等方面仍缺少一定自主权。虽然近年来科改“25 条”、人才“30 条”等一系列科技人才改革举措相应出台，但对于基层科研院所而言，在如何更好地将相关政策细化落实于实际工作方面，仍需上级相关部门进一步支持和指导，并给予相应配套措施，帮助打通政策落实的最后一公里。

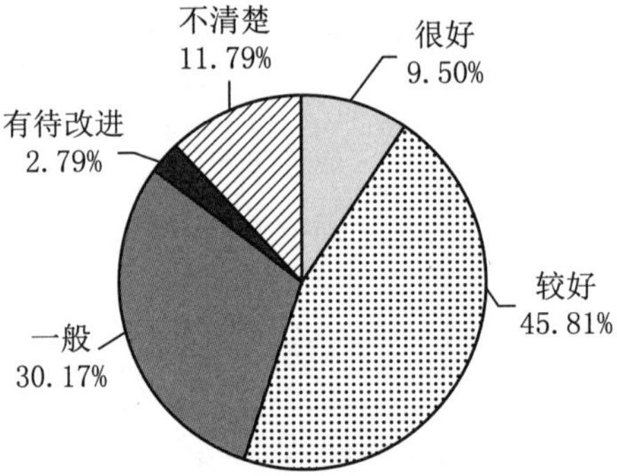

图 8　评价结果应用情况调查结果

四、科技人才评价改革的探索实践

通过对生研院人才评价工作背景现状分析，本课题组提出开展科技人才评价改革的四项前提原则。一是要合法合规、合情合理。即：符合国家、上海现行人才相关政策规定，在上级允许的科技人才评价改革基本框架下开展大胆的探索。二是要服务大局、因地制宜。即：既要服务于上海生物医药领域发展大局，又要满足生研院创新发展实际需要。三是要导向明确、定位清晰。即：坚持目标导向、问题导向、需求导向，将“破四唯”和“立新标”的要求贯穿课题研究始终。四是要守正创新、平稳推进。即：在改革探索中勇于创新，着力突破原有的科技人才评价桎梏，同时始终维持好各方面稳定。在此原则指导下，积极开展科技人才评价改革探索与实践（图 9）。

（一）锚定改革发展目标，建立科技人才分类体系

为解决“科技人才合理分类存在挑战”问题，课题组结合科技部、上海市科技人才分类体系，对生研院当前科研人才结构和未来科研布局进行深入分析研判，建立了符合生研院实际特点的科技人才分类体系。

对照科技部及上海市关于科技人才分类设置，按照科学分类、利于发展的原则，将生研院的科技人才设置为 4 个类别，即：基础研究和应用基础研究类、技术与产品研发类、技术服务类以及公益服务类。对于承担国家重大攻关项目的科技人才，按照其承担项目类型，纳入相应类别进行评价。科技人才可根据自身研究领域和发展方向，选择最为合适的类别参与评价。

（二）结合不同人才类型各自特点，建立科技人才评价指标

课题组在探索建立新的评价指标过程中，注重科学、合理地对待论文、学历、奖项和职称等关联信息，从创新能力、质量、实效、贡献、品德等多维度开展综合评价，落实“破四唯”“立新标”的理念，力争实现“破”与“立”有机统一。针对“科技人才评价指标科学性和针对性不足”问题，注重从指标的科学性、针对性以及完整性三个维度进行考量，针对不同人才类型特点，建立具有鲜明评价导向的，重点评价指标与非重点评价指标相结合的人才评价指标体系。而通过

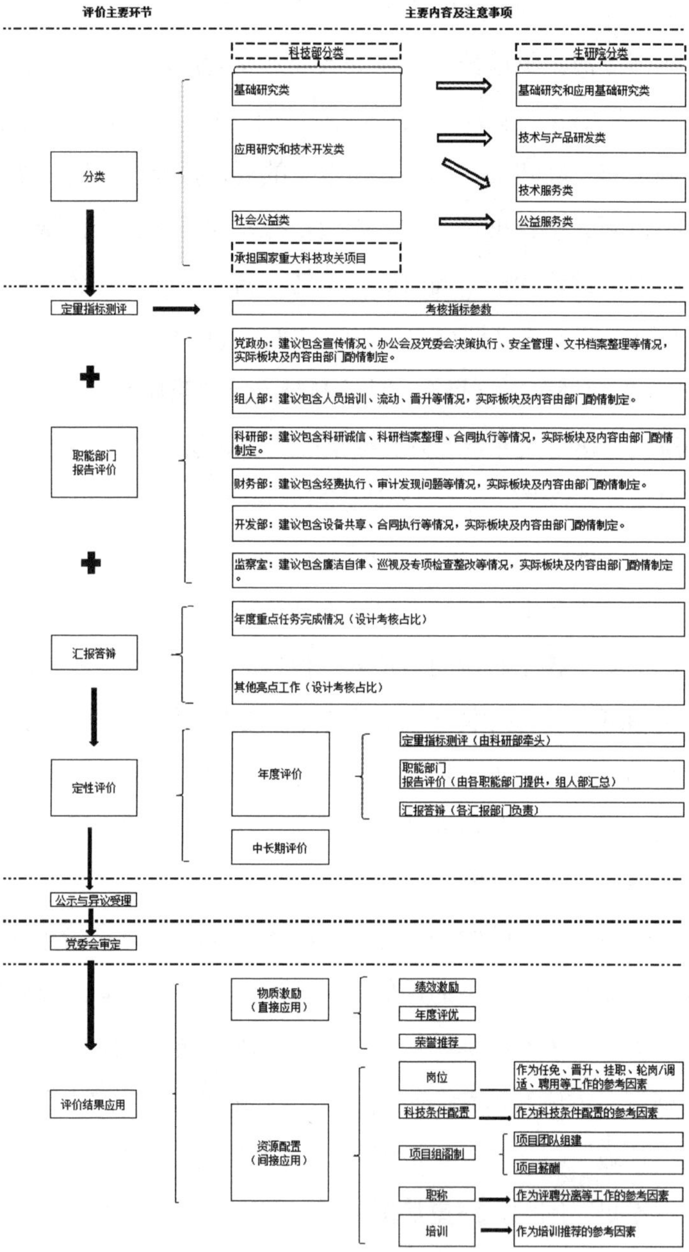

图 9　生研院科技人才评价改革框架图

对生研院历次人才评价情况分析比对，课题组发现：即使是同一类别科技人才，其科研创新活动侧重与成果产出形式也存在差异。固定模式的评价指标也可能造成同类型中的“一把尺量到底”。因此在评价时，除指定一项必选重点评价指标外，允许科研人员根据自身实际，从其余指标中选择两项作为自选重点考核指标，重点考核指标全额计分，其他考核指标按照一定比例计分。同时，结合不同阶段下科技人才动态发展规律，允许在符合一定条件时，对评价类别和自选指标作一次调整。

（三）促进人才评价科学合理，完善和创新评价工作机制

为解决“科技人才评价机制科学性和有效性不足”问题，在探索实践过程中，生研院将改革重心之一放在解决人才评价“怎么评”的问题上，并从探索评价结果形式、健全规范评价程序以及合理确定评价周期三方面入手，完善和创新了科技人才评价工作机制。

一是通过定量指标与定性评价相贯通，真实评价人才综合水平。“学术评价到底是以量化评价还是质化评价为主”的问题长期以来都是学术界争论的焦点。2012 年发表的“旧金山宣言”呼吁停止使用期刊指标来评价研究论文和学者个体的贡献。2015 年，《Nature》发表的《莱顿宣言》则提出了学术评价的 10 个原则，其中，第一个原则便是量化的评估应当支持而非取代质化的专家评审。在人才评价中，同样需要科学衡量量化评价同定性评价之间的关系。设立量化指标体系可以较好地反映出科技人才业务水平和成果贡献等易量化指标，但品德素质和创新潜力等因素则较难通过量化形式体现。由此，在探索人才评价结果的形式上，生研院建立了以定量指标为基础，总体评价以定性为主的人才评价机制。通过对定量指标测评、职能部门第三方报告和汇报答辩情况进行综合评判，最终做出科学的定性评价。同时，坚持德才兼备，把品德作为科技人才评价的首要内容，建立基于科研诚信的评价退出机制，出台《上海市生物医药技术研究院科研行为规划和学术诚信管理办法（试行）》，对于科研失信和品德不端等行为，在必要时予以一票否决。

二是通过规范评价过程与健全兜底保障相衔接，确保评价结果公平公正。课题组围绕解决影响评价机制科学性与有效性的常见问题，以促进人才评价深评真议为目标，着重对评价的具体流程、评价主体和评价方式等做了一系列调整和规范。在评价流程方面，通过合理延长评价时间，让参评人员充分掌握评价信息，从而做出准确评价。在评价主体方面，以熟悉受评人员研究领域的“内行人”和熟悉日常表现的“内部人”为主体，组成考核评价小组，提升评价结果权威性。在评价方式方面，通过建立《重要业务事项评议制度》，保护参评人员隐私，为其放心做出真实评价提供底气和勇气。同时，健全评价结果的兜底保障机制，制定《公示与异议受理方案》，切实保障评价公平公正。

三是通过年度考核评价与中长期评价相结合，及时优化科研发展布局。除健全考核评价机制外，生研院以评价研究组整体发展活力与潜力为重点，建立中长期考核评价机制，鼓励科研人员潜心研究和长期积累。由院领导和行业内权威专家组成评审小组，以三年为周期对研究组的发展现状和创新潜力进行定量评分，同时结合三年内年度考核情况对其做出定性评价。评价结果优秀的，在人员晋级晋升、资源配置等方面加大优先级，评价结果不合格的则及时予以调整，从而更好形成多线并进、多点开花的生研院科研发展良好布局。

（四）发挥人才评价正向激励作用，加强科技人才评价结果应用

改革实践过程中，课题组以解决“评价结果应用的有效性和统筹性不足”问题为抓手，注重加强科技人才评价结果应用的系统性、统筹性谋划，探索评价结果在考核激励、资源配置、推优评先、干部培养等各项工作中的应用，着力将改革成效转化为促进事业发展的强劲动能。

一是健全人才培育机制，让人才评价成为人才培养和使用的“指南针”。人才评价的一个重要目的在于发现和使用优秀人才，因此在建立人才评价机制的同时，需要健全人才“选育管用”的全链条机制，帮助优秀人才更好脱颖而出。自2021年改革重组以来，生研院以党建标准化、规范化建设为抓手，推动开展了全院层面制度建设工作。结合此项工作，课题组将人才培养机制建设纳入总体布局，制定或修订了内部交叉培养制度、岗位调整与轮换制度、项目组阁和研究组组阁制度等一系列以评价结果应用为导向的人才培养和使用机制。通过健全机制，一方面，可以根据人才不同特点，有针对性地加强能力培养。另一方面，促进人才队伍结构优化，帮助人才更好做好职业发展规划，及时调整发展方向与路径，让人才在真正适合的岗位上体现自身价值。

二是完善人才激励配套措施，让人才评价成为激发活力的“新引擎”。从薪酬激励和资源配置两方面入手，加强对于优秀科研人才的配套支持，在激发其干事创业激情活力的同时，更好地留住人才。在薪酬激励方面，通过完善绩效激励机制，将绩效分配与人才评价结果直接挂钩，提高人才创新积极性，营造以能力争高下、以贡献论英雄的良好科研环境。在资源配置方面，制定科技条件配置方案，加大对于优秀人才在仪器设备购置、人员招聘、科研办公用房等方面的支持力度，提供所需培训机会，并在同等条件下，优先作为职级晋升、职务聘用和院自立项目资助人选。此外，进一步关注青年人才的发展，适当予以资源和政策倾斜。通过设立“院青年拔尖人才计划”等青年人才计划和资助项目，帮助其快速成长。

三是探索项目组阁制，让人才评价成为加快科技创新的“助推器”。目前，生研院正试点建立基于人才评价的项目组阁制。项目组阁制主要聚焦国家和本市生物医药相关任务，科研人员可根据项目需要灵活组建临时团队，联合院内外科技人员共同攻关。对于申请项目组阁的科研人员，在符合人才评价相应条件的基础上，不再另设称职、学历和资历等硬性门槛。项目组阁负责人对组员招募、项目组织和资金使用等拥有充分自主权。项目组阁制的建立，为有真才实学的科研人员提供了成长成才的新通道，同时有利于集中各方技术优势，更好推动科研创新发展。

五、科技人才评价改革的进一步思考

（一）科技人才评价改革需要长期坚持并与时俱进

科技人才评价改革是一项长期的系统性工程，各项改革举措的推动落实不是一蹴而就的，改革成效也并非立竿见影，必须增强改革耐心，做到长期坚持并与时俱进。尤其是当前改革工作仍面临较多现实问题与困难，需要稳慎做好分析研判。此外，还要加强对于人才工作发展趋势和政策变化的研究，及时做出相应调整。

（二）加强对于已制定科技人才评价改革措施的完善和优化

坚持久久为功、绵绵用力，持续深化巩固科技人才评价改革成效，提升改革能力与质效。一是在推动改革举措更加细化、实化上下功夫，建立健全已有举措的相应配套机制。二是在促进人才评价更加科学化上下功夫，进一步完善评价方式和机制，加强定量评分与定性分析研究，引入公开数据分析，乃至人工智能、大数据辅助分析，推动科技人才评价更加科学化，更具权威性。

（三）加强政府各部门和用人单位的协同推进

对于地方科研院所而言，在当前体制机制框架下，仍难以完全施展改革拳脚。要想进一步深化科技人才评价改革，真正推动相关改革举措落实落地，还需政府相关部门强化政策协同、形成改革合力，在国有资产、人事编制、经费使用等政策方面解绑松绑以及充分赋权。同时，进一步支持用人单位自主评价人才，精准落实“三个区分开来”，建立纠错容错机制，切实增强用人单位全面深化科技人才评价改革的勇气和底气。

精准引才体系研究与实践

中国航天科技集团有限公司第八研究院第八一一所[1]

一、前言

人才是创新的根基，是现代企业的第一资源，是企业在竞争中生存和发展最重要的基础。在市场化、企业化转型的背景下，研究所对职能管理的需求也在不断转变，人力资源作为企业核心竞争力之一，必须进行不断的体制机制优化和变革，加快人才队伍建设，特别是高端人才队伍的建设，才能为企业发展提供足够的人才和智力支撑。

引才和育才是人才队伍建设最核心的两个方面，其中精准引才是重要的前提。然而，在长期形成的以型号科研生产为牵引的任务导向型人才模式下，研究所的人才同质化现象日趋严重，高层次、领军型人才数量和匹配性不足，无法满足研究所快速发展的需求；应届毕业生引进的渠道仍以传统校园招聘模式为主，对人才评价和识别的科学性有待提高；人才引进的激励保障体系不够健全，已然成为研究所快速转型的严重阻碍。因此，中国航天科技集团有限公司第八研究院第八一一所（简称“八一一所”）坚持以战略发展需求为导向，从追求数量到注重质量转变，从单一素质向复合型人才转变，科学构建人才评价模型，精准拓宽人才引进渠道，创新引进人才激励机制，推动人才引进体系的持续优化，为人才选拔、培养和使用打下坚实基础。

1　中国航天科技集团有限公司第八研究院第八一一所课题组成员：尤登飞、郑贤东、马悦欣、张东杰、秦明芝，主要执笔人：郑贤东、张东杰。

二、精准引才体系的内涵

将人才价值与企业战略相融合，坚持目标导向、需求导向，全面贯彻“人才强所，人才兴所”的发展战略，以建立科学的人才评价模型、精准拓宽人才引进渠道和建立坚实的人才引进保障激励机制三个核心机制为着力点，构建研究所全面精准化导向的“3+4+5”引才体系，即三项机制、四类定位、五维激励。一是完善传统引才模式，建立三项精准评价机制，高效准确识别人才；二是构建创新引才渠道，布局四类精准定位网络，积极拓展人才引进方式，提前网罗锁定优秀人才；三是构建多维度、针对性的五维精准激励保障体系，全面激发人才活力。

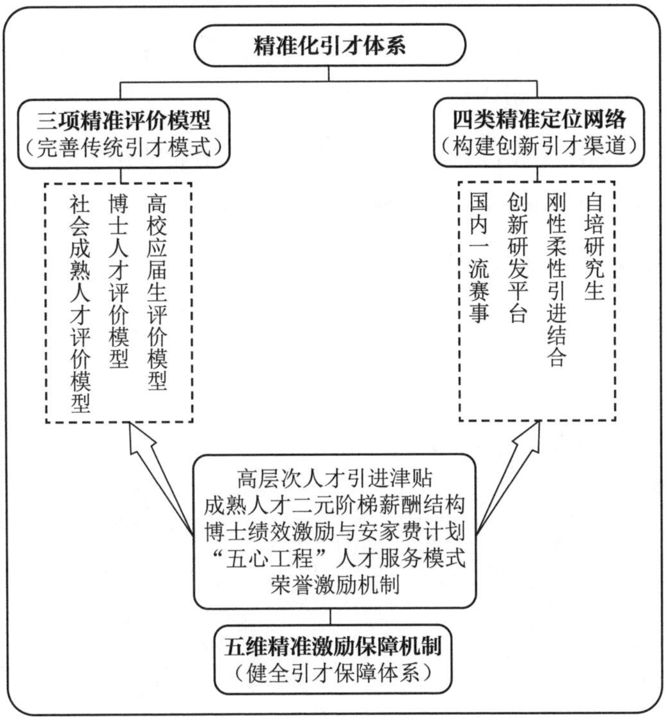

图 1　精准引才体系结构图

三、精准引才体系的研究与实践

（一）建立精准评价模型，高效准确识别人才

人才评价，关系到人才引进和培养，也影响到人才使用和发展，高效、准确识别企业发展所需人才必须以精准化为导向，形成科学化、市场化人才评价机制。传统的贴标签、数论文、看职务式的考查方式，无法全面、完整地解决人才评价问题，尤其是高层次、高水平人才识别评价难度大。社会成熟人才、博士等高端人才和高校应届毕业生是企业人才来源的主要构成。因此，建立面向三类人才的科学的人才评价机制，是人才识别和引进的重要前提。

1. 职业能力导向的社会成熟人才评价模型

社会成熟人才的引进能够快速有效地填补企业关键能力的空白，将成熟人才的职业能力、实践经验作为其成熟度评价的重点，在评价模型中予以倾向，重点关注个人在行业内、优秀 / 标杆企业的就职经历和职业能力水平，以及其在工作期间的突出业绩和贡献。成熟度评价体系主要从基本条件、职业能力和个人素质这三个维度，工作经历、职业能力、学习力和卓越性等九个方面，采用定量定性相结合的方式，对人才进行全方位的评价打分。成熟度评价体系满分 10 分，共分为 5

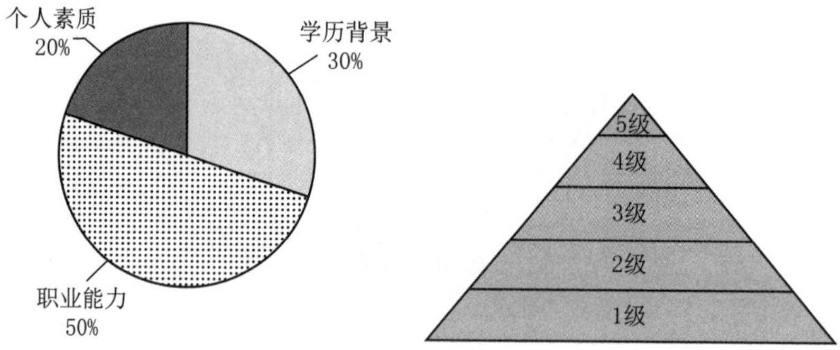

图 2　社会人才成熟度评价模型

个等级，等级越高人才能力水平越高，同时成熟度模型 5 个等级对标研究所内现有的人员水平等级 1—5 级，有效地将成熟人才与所内人才进行了统一化衔接。

2. 科研素质导向的博士人才评价模型

高水平博士队伍是引领企业的新技术、新领域的创新发展的关键力量。对博士人才的科学评价为引进优秀博士的第一要务。因此，依托博士后科研工作站，以科研素质为导向，重点评价博士的科研创新和学术研究能力，精准识别企业发展所需的高水平博士人才至关重要。

（1）博士影响因子评价模型

从学术能力、项目能力、学历背景和突出素质四个维度建立博士影响因子评价模型，其中重点关注学术能力、项目能力以及研发方向与所内发展的匹配性，突出科研素质导向，考察博士的科研项目经历、解决重大问题的能力，辅以高水平论文、专利和科技奖项，全方位对博士的科研能力和综合素质进行科学评价，通过定性评价、定量打分方式，科学准确识别高水平博士，提高人才引进的质量和效率。根据博士影响因子评价结果执行个性化弹性薪酬标准，依据打分结果科学分档，确定基本薪酬，为引进优秀博士人才创造积极的条件。

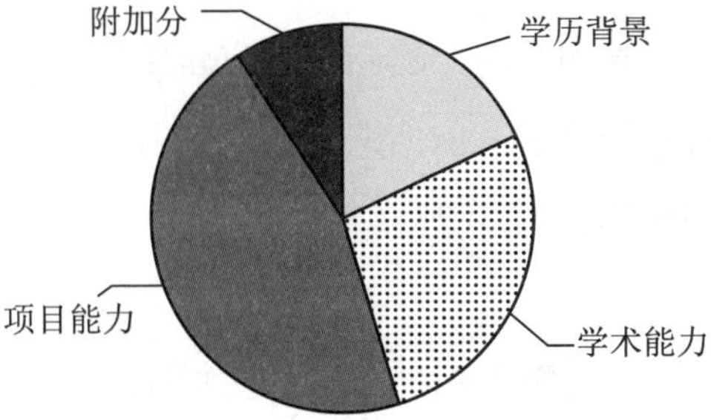

图 3　博士人才评价模型

（2）基于博士人才评价的引进程序优化

基于博士人才评价结果，实现从需求提出到专项激励引进程序的动态闭环优化。

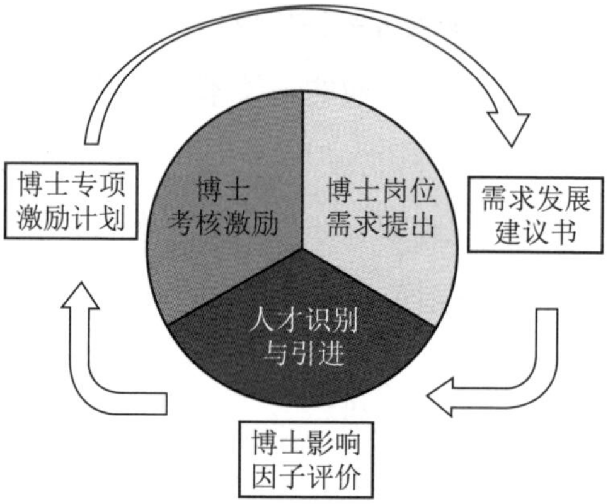

图 4　博士人才引进程序优化

坚持以需求为导向，根据企业战略发展需要，从博士人才的岗位需求提出（领域或市场需求建议书）、人才引进评价流程（博士影响因子评价）、激励计划（博士专项激励计划）等环节全方位优化博士人才引进体系，以结果为导向，实现人才和企业双边共赢。

3. 潜质素养导向的应届生评价模型

高校应届毕业生是研究所人才引进的主阵地，也是企业人员补充的主体。高校应届生基本素养高、潜质潜力优，具有较强的可塑性和培养性。以潜质素养为导向，建立针对应届生的优秀人才评价体系，准确识别企业所需的人才，依据识别结果，有效进行人才梯度分类，为人才的精准使用和培养打下坚实基础。

（1）评价模型

应届生评价体系主要从基本情况、基本素质和个人能力三大方面评价，共划分 12 个评价项，针对管理类和技术类设置不同倾向，每个评价项根据岗位类别的不同分配差异化的权重值。

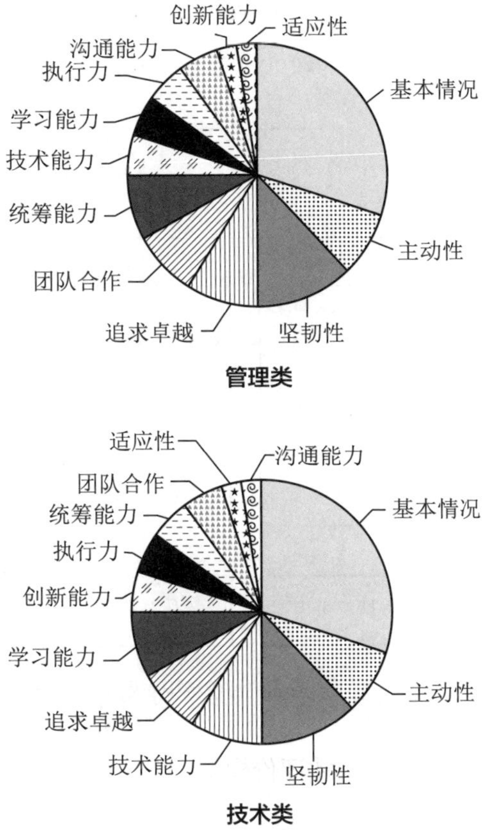

图 5　高校应届生人才评价模型

12 个评价项定性定量的识别人才的岗位匹配度，为挑选人才提供一套科学的评价标准。同时针对不同的岗位（技术类、管理类），分别对 12 个评价项设置不同的权重分配和最低标准。在进行人才评价的过程中引用胜任力测评工具作为辅助手段，胜任力测评结果可以作为人才识别的参考项。

（2）评价结果应用

当 12 个评价项中有 2 个以上不满足最低标准或者得分少于最低分，

则识别为不合格人才，不录用；其他情况根据得分情况分为胜任型人才、潜力型人才和拔尖型人才，对人才有针对性录用和关注培养，对企业进行人才岗位需求的匹配有较大的指导意义，评价结果应用详见图 6。

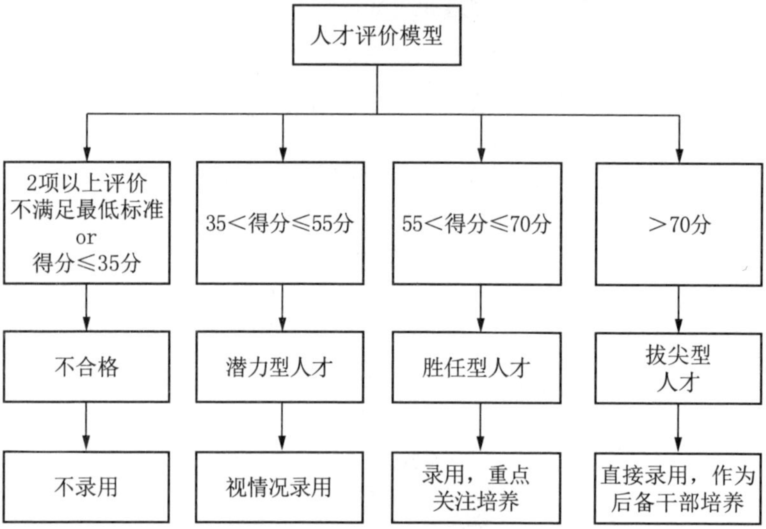

图 6　应届生评价结果应用

（3）动态优化应届生人才评价模型

建立应届生人才评价体系与人员引进结果的预测关系，优化人才评价模型。收集入职员工一年、两年后的绩效情况，建立评价模型和前两年绩效的预测关系，不断改进评价方法，动态优化应届生人才评价模型，提高评价结果的科学性和准确性。

（二）布局精准定位网络，提前网罗优秀人才

传统的校园招聘、“摆摊式”招聘方式已经逐步无法满足企业发展的多元化、多类型人才的需求。研究所对应届毕业生素质、能力要求（全国专业 TOP10）逐年提高，针对目前研究所人才引进渠道单一、实时性、针对性和有效性不足等问题，突破传统的人才引进方式，积极拓展人才引进渠道，对于企业的人才引进效果至关重要。

1. 举办全国一流赛事，提前锁定优质人才

研究所依托核心技术领域举办的高层次赛事，具有扩大研究所影响力、吸引高素质人才和提前锁定的三重益处。通过举办一流赛事，搭建面向高校硕博研究生的科研能力展示平台，深入探索产学研合作模式，发掘有潜质、有志向的优秀人才，通过双向沟通、签订就业意向协议，提前一步面向全国重点高校精准锁定企业所需的人才。

八一一所从企业核心业务出发，打造了“空间电源”品牌人才选拔平台。对标国内一流专业赛制，举办首届“空间电源杯全国研究生电子设计大赛”等相关全国性设计大赛，扩大了中国航天的影响力。

2. 打造开放创新研发平台，交流融合吸引人才

依托国家创新人才培养示范基地、博士后科研工作站、国家重点实验室和国家国际科技合作基地，开展“项目＋人才”的合作模式，面向高校定期发布“源创基金”项目指南，吸引师生积极参与申报，给予一定数量的资金支持，通过项目的立项、资助和评选工作，牵引人才开展重大关键技术攻关，创新与高校沟通交流的渠道方式，吸引与企业价值观一致的人才加入，做到提前锁定，形成“人才依托项目，项目吸引人才”的良性互动机制。八一一所打造“源”创基金开放式创新平台，借助高校优势力量，强强联合，向哈工大、南航等高校发布指南，2020 年支持所外项目 20 项，经费达 500 余万元，大研究所的影响力，吸引数十名优秀的高校研究生参与项目并开展常态化交流，为选拔优秀人才加入打下坚实基础。

3. 构建自培研究生体系，精准培养导入人才

研究所自身培养产学研型研究生人才，是最直接、最有效的人才引进方式。针对企业核心技术发展所需，面向全国优秀高校进行精准

招生，以优质高效热门紧缺专业“推免生”为招生重心，建立产学研联合的“双导师制”和“人才＋项目”的培养模式，全力推进自培研究生教育创新计划，坚持问题导向，精准培养，精准导入企业人才库。与高校签订研究生教育实践基地协议，以研究生联合培养为纽带，实现资源共享、师资互聘、产学研统筹，在技术培训、联合攻关、就业实践等多领域展开深层次合作。八一一所与浙江大学、上海交大等高校开展联合培养，与湖南大学、华东理工等高校建立教育实践基地，通过理论学习与实践锻炼互派的方式，大幅提升研究生的综合能力。

4. 刚性、柔性引进并济，集聚高层次人才

针对新技术、新领域高层次人才力量薄弱、保有量少等问题，通过特聘、咨询的方式，柔性引进院士、国家人才计划专家等高层次人才，实行契约化管理。通过咨询、特聘、讲学等引智方式，实现企业所需人才的资源共享。建立健全刚性、柔性并济的人才引进制度，引入作为特聘专家和顾问为企业所用，提高研究所的科研创新的整体水平。强化对引进对象的识别，规范双方职责并建立动态管理制度，加强对引进人才的考核、监督和管理。

（三）构建精准激励保障机制，多元化举措激发引才活力

筑巢引金凤，广揽天下才。高效精准的保障激励机制是保障人才引进有效开展的重要基石。以需求为导向，瞄准引进的不同类型、层次的人才差异化需求，建立多元化举措的精准激励保障体系，构建“精神和物质”互补型保障激励体系，保证人才引进措施的有效落地，提高人才引进工作的效果。

1. 依据人才能力素质，分层实践高层次人才津贴

高层次人才的引进成效很大程度上取决于引才力度，对吸引和留

住高层次人才，物质激励是不可或缺的因素。对人才的激励措施在受国家规定的限定内，对引进的高层次人才给予一次性奖励，以不断激励人才发挥作用为落脚点，突出激励性，充分调动人才积极性。将高层次人才分为五类，对不同类型人才实施不同标准的一次性奖励。针对引进博士及以上的高层次人才一次性给予 30 万—50 万人才津贴，对入选两院院士、国家级人才计划以及省部级人才计划等各类专家一次性奖励 30 万—200 万元。

2. 社会成熟人才评价体系，构建二元阶梯薪酬结构

依据职业能力导向的社会成熟人才评价体系，用人部门会同人力资源部对社会成熟人才进行面试与背景审查，并根据人才评价标准进行打分，确定人才的成熟度等级，对成熟型人才薪资实行差异化管理。具体薪资构成如图 7。

图 7　成熟型人才薪资结构

套档工资体系中薪酬由薪级、薪等、薪档 3 个要素构成，其中：薪级由岗位价值等级确定；薪等由任职资格等级确定；薪档由综合评价结果决定；岗位绩效制人员分五级九档，不同等级对应不同成熟人才津贴。成熟人才工作满一年后由事业部领导对其工作进行考核，考核不合格则取消津贴发放，实现动态闭环管理。

3. 依据博士人才评价体系，实行博士绩效激励与安家费计划

建立博士弹性薪酬方案，采用基本薪酬加博士激励计划奖金的方式构成，通过博士人才评价结果确定基本薪酬，见习期结束后签订博

士激励计划协议，进一步激发博士创造力，同时也促进部门有计划、有目标地培养博士，实现博士成长与企业发展同步。

（1）激励计划目标制定与审核

参加博士激励计划，需签订协议书，协议期为一年。明确工作目标（用人部门制定），由考核小组对协议中的工作目标及考核要求进行评审，确定目标制定的合理性与创新性。激励计划协议中对考核标准设置完成度“合格线”，通过考核并根据完成情况获取一定的激励奖金。若未达到合格线要求，则考核不合格，并取消激励奖金。若 2 年考核不合格，则取消参加博士激励计划的资格。

（2）激励计划考核

在协议期结束前一个月由人力资源部组织博士进行答辩，由考核小组对博士在协议期间的工作进行考核。根据协议书中目标的完成情况确定目标完成系数。根据考核的结果发放激励奖金，奖金将于协议期结束的下一个月全额发放，激励奖金值为项目完成系数乘奖金基数。建立博士安家费支持计划，提高激励博士人才积极性，缓解博士在沪购买首套个人住房的压力，建立博士安家费制度，符合条件的博士研究生给予博士安家费 36 万—40 万元（根据《博士安家费发放评分表》得分确定实际发放额）。获得博士安家费的职工，须与单位签订《博士安家费服务期协议书》，确定服务年限及责任。

4. 实践“五心工程”，构建多维度人才服务模式

人才服务保障是人才培养，尤其是高层次人才引进培养的重要基础，研究所开展“定心、安心、暖心、顺心、舒心”五心工程，全方位、一站式解决人才住房、医疗、子女入学等需求。构建定心工程，持续加大购房补贴和一次性安家费发放力度，对引进的高端人才，优先提供本所自建的整套公寓，对购房职工发放购房补贴和一次性安家

费（博士 40 万元），实现购房“首付无忧、月付不愁”，对于新入职员工提供青年人才公寓或发放租房补贴。构建安心工程，解决入学之忧、陪教之忧、敬老之忧，全力高端人才配偶就业和子女优质学校就读，提供成熟人才办理人才引进落户的便捷通道。构建暖心工程，形成基本保险、商业保险、医疗基金等一体化的医疗保障，与高水平医院建立绿色就医通道，专家结对门诊，保证创新人才及其家属便捷就医，开展健康体检，保障人才身心健康。构建顺心工程，优化人才服务流程，所内办事实施一站式综合办理。构建舒心工程，提供优质工作和就餐环境，设立职工书屋、超市，充分发挥职工健康中心作用，促进人才身心全面发展。

5. 构建荣誉激励体系，建设人才激励“助推器”

以精神驱动为核心建设荣誉激励体系，充分发挥精神和荣誉的激励作用。以取得重大成就和突出贡献为导向，构建所级、院区级、省部级以及国家级阶梯形荣誉奖励体系，增强荣誉奖励的及时性。对企业非物质激励体系进行系统性的规划，建立企业荣誉累积制度，搭建阶梯式荣誉评选体系，发挥荣誉奖励的价值导向和精神激励作用。加强舆论宣传，积极宣传型号研制和研究所发展中做出突出贡献的先进典型，营造尊重人才、鼓励创造的良好氛围，发挥荣誉奖励的价值导向和精神激励作用。

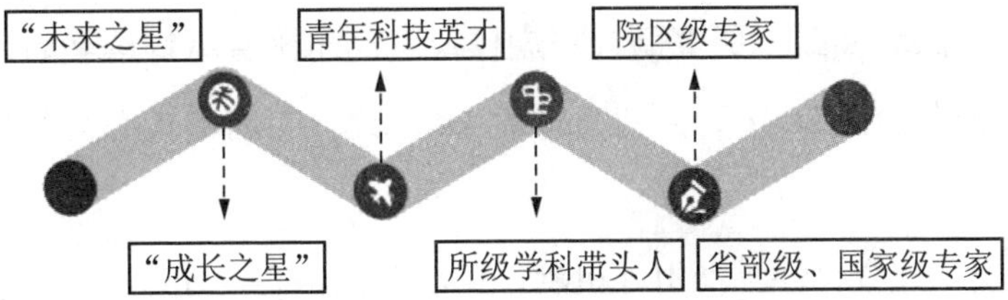

图 8　阶梯形荣誉奖励体系

四、总结

中国航天科技集团有限公司第八研究院第八一一所积极探索基于精准化导向的企业引才体系的研究与实践，坚持需求导向，实践成果丰富：建立了精准高效的人才评价体系，精准拓宽了人才引进渠道，构建了多元化举措的精准激励保障体系，系统地完善了研究所引才体系，为企业提供了坚实的人才支撑，形成了较强的示范效应。2020 年初，国家创新人才培养示范基地成功获得科技部批复，成为集团公司仅有三家之一；2020 年底，博士后科研工作站成功获得国家人社部批复，为进一步完善和优化研究所人才体系打下坚实基础。

（一）构建精准高效的人才引进体系，提升引进人才水平

以需求为导向，建立了精准的人才评价模型，完善了传统引才模式，积极拓宽各层次人才引进渠道，形成了全新引才模式的人才精准定位网络，构建军工研究所高效、精准的人才引进体系。至今共引进海外知名高校和行业顶尖人才 50 余名，全所技术和管理人员中，毕业于 985 及 211 高校占比为 78.1%，硕士及以上学历人才比例超 65%，引进博士人才 80 余名，为研究所的快速转型发展提供有力的人才保证和智力支持。

（二）实现研究所效益产能的稳步提升，有力支撑快速转型发展

近年来，引进的各类型高层次、高水平人才，有力地支撑了研究所承担的北斗导航、探月工程、火星探测以及载人航天等各项国家重大工程的顺利实践。研究所经济规模及利润水平实现快速增长，2020 年实现自营收入 30 亿元，利润总额 4.2 亿元，年均增长率均保持 15% 以上。

（三）建立良性互动引才机制，精准聚焦核心人才

创新建立核心人才集聚的精准引才渠道。面向全国知名高校硕博

研究生定向开展专业性设计大赛，形成独具特色的人才选拔引进方式。长期与国内外知名高校和科研机构开展交流合作，逐步形成体系化、规模化、精英化的良性引才机制，建立长、短期结合刚柔并举的引才模式。实现自培研究生的精准定位，造就产学研技术人才。

（四）建立多维长效的人才激励机制，形成示范效应

面向各层次人才建立了制度化、长效化的多维度激励机制，提高了对人才的吸引力。针对引进博士及以上的高层次人才一次性给予人才津贴和绩效奖金激励计划，对入选国家级、省部级等各级专家实践一次性引进奖励，对市场化选聘人才，实现浮动的年薪制，薪酬与其业绩全面挂钩。津贴与奖励、短期与长期激励并行，在薪酬全面与市场接轨的基础上，突出核心关键人员的重点激励导向，建立长效的人才薪酬激励机制，形成示范效应。

展望未来，八一一所将深入推进体制机制创新，优化高层次人才引进体系，实现追求数量向追求质量的转变，激活人才要素，建立适应航天强国建设需要的组织管理模式和运行机制，始终以打造一支航天特色鲜明、具有国际化视野和影响力的高水平创新型科技人才队伍为目标，通过国家创新人才培养示范基地的深入建设，不断提升科技人才规模与能力，为加快世界一流军工电源专业研究所建设，助力航天强国建设，实现航天梦、强军梦、中国梦而不懈奋斗！

基层事业单位管理骨干领导力提升研究
——以中电 51 所为例

中国电子科技集团公司第五十一研究所[1]

一、绪论

（一）研究背景

当今世界是一个快速变化的信息化、智能化时代，作为一个单位的管理骨干，在单位的经营活动和日常管理中的作用日趋重要。管理骨干的领导力越强，单位管理各方面的水平将会是水涨船高，单位也将更趋于成功，所以说“赢在管理”绝不仅仅是一句口号而已。因此，如何进行管理骨干的培养并有效提升他们的领导力，已成为国内外企业重要的管理需求目标。领导力是领导者的能力、领导者的综合影响力。领导力的强弱影响着下属乃至一个单位能否全力以赴地完成工作。领导者的号召力越强、沟通力越高、影响力越大，下属或者一个单位完成工作的能力就会越强。因此，在基层事业单位改革及转企的大背景下，认清管理骨干领导力的内涵，大力提高管理骨干领导力，对于一个单位发展起着极其重要的作用。

（二）研究意义

从多年的工作实践中我们已经知道，管理骨干在很大程度上影响一个单位目标和愿景的实现，影响目标战略是否可以在内部执行，在单位中发挥着重要的作用。管理骨干并不是简单的通过任命产生的职

1　中国电子科技集团公司第五十一研究所课题组成员：杨健、杨建华、张磊、赵玮，主要执笔人：赵玮。

位，激发管理骨干的潜能，提升其领导力，是一个很有必要的课题。本文通过对中国电子科技集团公司第五十一研究所（简称“51所”）管理骨干领导力调研分析与研究，发现管理骨干领导力的现状与存在问题，并探索出一套适合51所管理骨干领导力提升的方案，希望能对基层事业单位的管理者有一点的启发，并对行业起到一定的参考借鉴作用。

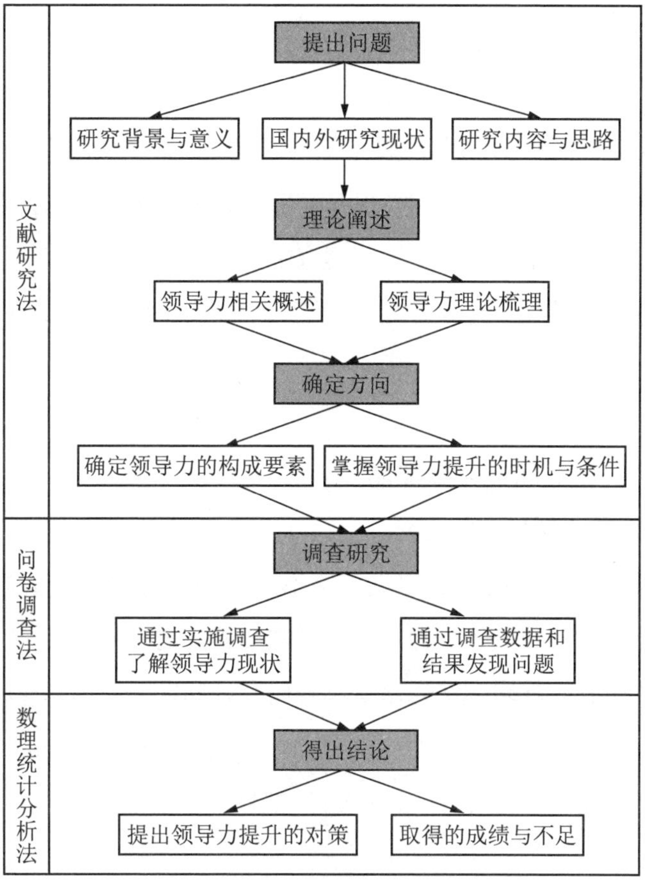

图1　研究思路图

（三）研究思路与研究内容

1. 研究思路

本文以 51 所管理骨干作为研究对象，主要的研究思路为：提出问题→理论阐述→确定方向→调查研究→得出结论，通过理论加实践的研究思维来开展，研究思路如图 1。

2. 研究内容

第一部分为绪论部分，主要介绍研究背景、研究意义，指出本文研究思路与研究内容。第二部分为国内外相关研究文献综述部分，通过对国内外相关文献进行梳理，将领导力相关理论进行归纳。第三部分为研究设计部分，指出本文的研究方法和研究方案。第四部分为数据分析部分，根据 51 所管理骨干领导力调查结果，从调研对象的基本情况、管理骨干领导力培训与提升情况和管理骨干领导力评价情况进行分析。第五部分为研究结论与建议部分，对本文的研究成果做出进一步的总结与思考，提出相关建议，同时也指出本文研究的不足之处，最后对发展前景进行展望。

二、国内外相关研究文献综述

（一）关于领导力的研究

领导力不存在通用的定义，这不仅因为领导力这个概念非常复杂，也是因为不同的领导力研究方法需要不同的定义。领导力作为领导的衍生概念，其研究首先是从领导研究开始的，它与领导的界限很难划分。领导与领导力所对应的英文单词均为“Leadership”，国内学者通常是据国外学者对“Leadership”的释义来区分判定的。约翰·麦克斯威尔（John Maxwell，2016）博士被誉为“领导力大师”，他定义领导力就是指出组织前进的方向，而组织中的优秀领导者必须能够为其他组织成员指明共同奋斗的目标与方向，通过自身的领导能力来带领其他成员共同前进。并不仅仅是指职位赋予的硬权力，更是指领导者自身所带给组织其他成员的影响力。美国哈佛商学院史蒂芬·柯维（Stephen R. Covey，2009）博士提出如果管理人就像管理物一样，领导力就等于职位，而不是一种选择，真正的领导力并非借合法权威取得，而是借道德权威取得。罗宾斯（Robbins S.，2008）与贾奇（Judge T. A.）也认为领导力是通过影响周围他人从而实现组织愿景或既定目标的能力。诺特豪斯（NotHaus，2003）也认为领导力与影响力密切相关，主要的内容是涉及领导者影响其下属的方法或途径。发展中心的创始人保罗·赫塞（Paul Hersey，2003）博士综合了两者的观点，认为领导力主要是对他人产生影响的过程，在这过程中通过自己的行为来影响他人，使他人能够做他可能不会做的事情，这过程并不是单纯地依靠权力，更多的是依靠非权力因素。清华大学吴维库（2014）博士在“思想·引领”系列学术论坛之《胜任·优秀·卓越——清华经管学院企业高端人才开发》提出：领导力就是把自己思想装入别人的脑袋，是关于如何成功领导的学问。中国科学院“科技领导力研究”课题组（2006），通过大量的调查，他们总结了领导力的概念，提出：“领导力是领导者在特定情境中吸引和影响被领导者和利益相关者并持续实现群体或组织目标的能力。”麻晓霞（2005）定义领导力是组织中的领导者或者领导集团，在洞察组织内外形势的基础上，充分利用自身的领导资源（影响领导活动的一切条件、因素的总和，如人际关系、权力、权威，以及自身的领导素质等）与具体形势有机结合而形成，能激发、教化、引导被领导者追随自己，实现组织共同目标的合力。朱忠武（2005）的观点综合了两者的观点，他认为领导力即影响力，是影响人们自愿的，同时充满热情的为了实现共同目标而不断努力的过程。

（二）关于领导力理论的研究

领导科学发展到今天，出现了很多关于研究领导力的理论，目前的领导理论分类主要有领导特质理论、领导行为理论、领导权变理论和领导整合理论。

1. 领导特质理论

早期的领导力研究假设领导者是天生的而不是后天培养的。自1990年以来，人格特质理论和特质研究已经获得了实质性的进展。典型的模型如大五人格模型已经在企业界引起广泛关注。然而，直至今日，仍然没有人能得出所有成功领导者共有的一系列特质，或者说能够必然带来成功领导力的特质。因为领导特质理论只关注领导的特质因素，而忽视了环境因素和下属对领导的影响。在实际工作中，管理活动往往会出现很多变量，如果不把环境、下属的影响等情境考虑在内，只以领导特质作为参考，就无法得出到底哪些特质在哪些情境中有绝对需要。

2. 领导行为理论

由于特质研究迟迟没有办法找到能够必然带来成功领导力的特质组合，20世纪50年代，大多数领导力研究者从特质理论转向研究领导者在工作中的实际行为。典型的领导行为理论是由密歇根大学调研得出的领导力模型和俄亥俄州立大学提出的领导力模型。密歇根大学领导力模型确认了两种领导风格：以工作为导向和以员工为导向。而俄亥俄州立大学则将领导类型划分为创建结构和关怀两种，并确认了四种领导风格：低创建结构和高关怀、高创建结构和低关怀、低创建结构和低关怀以及高创建结构和高关怀。领导行为理论对理解领导过程做出了一些积极的贡献，但是，这些研究的旨趣虽是企图从众多的成功领导者的行为中概括出一套理论的、固定不变的和放之四海皆适用的领导方式，但很难实现。

3. 领导权变理论

领导的特质和行为理论都试图寻找并解释适应所有情境的领导风格。管理者需要根据情况适用不同的领导风格，成功的领导者要求适当改变领导风格从而满足情境要求。因此，领导力模式又转变为权变理论。1951 年，费瑞迪・E. 费德勒提出“领导效力的权变理论”，指出该理论可以用来判定个人的领导风格是任务导向型还是关系导向型，以及判断情境是否符合该领导者的风格，从而能够将绩效最大化。然而，在 20 世纪 70 年代，该理论由于概念不清的问题而受到批判。

4. 领导整合理论

在 20 世纪 70 年代中后期，研究模式开始驶向综合模式，即把所有的理论结合起来，即新超凡魅力理论。领导的整合理论试图把特质、行为和权变理论整合起来，去解释成功的、富有影响力的领导者与下属之间的关系。研究人员希望用该理论解释为何一些领导者的下属愿意为了团队和组织的目标而努力工作和无私奉献，以及高效领导者是如何影响下属的行为的。这些理论明确阐释了加强领导效果的特质，并且探索在不同情境下，领导者的相同行为可能对下属造成的不同影响。

三、研究设计

（一）研究方法

1. 文献研究法

主要是指通过对目前现有的大量文献进行搜集和阅读，然后进行整理和归纳的一种研究方法。本文运用文献法进行研究，主要是先查阅领导力相关方面的国内外论文、期刊等进行归纳和总结，帮助本人快速掌握研究的基本问题与基本理论，同时，主要的文献来源为：图书馆、中国知网数据库和互联网，同时进行了相关问题的文献综述，了解了目前为止研究问题的现状。

2. 问卷调查法

根据调查问卷设计的基本原则与步骤，结合本文研究的对象与问题，针对 51 所管理骨干领导力通过问卷设计进行调查，随后运用 SPSS 23.0 统计软件数据输入和整理，通过数据分析找出 51 所管理骨干领导力存在的问题，同时制定出相应的对策来提升其领导力，并从中探求 51 所管理骨干领导力的相关措施。

3. 数理统计分析法

本文需要运用社会科学研究课程中常用的统计软件 SPSS 23.0 对调查问卷的结果进行数理统计分析，用到的统计方法主要为描述性统计分析、多重响应统计分析，进一步将论文调查的结果进行整理和归纳。

（二）研究方案

1. 样本选择

本文以 51 所为样本来源，调研对象为 51 所管理骨干，主要包含中层领导干部、党支部委员、工会委员、团委委员。

2. 问卷设计

本文正式发放的调查问卷由卷首语、个人基本情况、管理骨干领导力培训与提升情况、自身领导力评价情况四个部分构成。卷首语对问卷开展的目的进行了说明；个人基本信息包括性别、年龄、文化程度、工龄及职称；管理骨干领导力培训与提升情况一共 10 个问题，主要来调查 51 所管理骨干领导力提升的方法、条件及影响因素；自身领导力评价根据 51 所现状，从担当敬业、应对变化、创新协同、塑造团队、关爱员工、丰富素养六个方面进行调查，一共 34 小题。

3. 资料收集的方法与步骤

本文选取 51 所管理骨干为调查对象，问卷以纸质形式发放，正式的问卷发放于 2021 年 1 月进行。总计发放 67 份问卷，后期共回收 65 份，其中有效问卷 65 份，有效回收率约为 97%。

四、数据分析

（一）基本情况

本文的样本构成情况如表 1 所示。

表 1　调查样本基本情况统计表

统计项目	分类项目	频率	百分比
性别	男	45	69.2%
	女	20	30.8%
年龄	35 岁及以下	12	18.5%
	35—45 岁（含）	32	49.2%
	45—55 岁（含）	15	23.1%
	55 岁及以上	6	9.2%
文化程度	大专及以下	4	6.1%
	本科	36	55.4%
	硕士	25	38.5%
工龄	5—10 年	7	10.8%
	10—15 年	14	21.5%
	15—20 年	17	26.2%
	20 年以上	27	41.5%
职称	初级	7	10.8%
	中级	24	36.9%
	高级	26	40%
	正高级	8	12.3%

由表可知，被调查者中男性居多，占近 70%；年龄分布上，35—45 岁（含）占比最高，近 50%，其次为 45—55 岁（含），占比为 23.1%；93.9% 的被调查者学历在本科及以上；工龄 20 年以上的居多，为 41.5%，15—20 年的次之，为 26.2%；高级职称占 52.3%，其中正高级职称占 12.3%。

（二）领导力培训与提升情况

1. 关于管理骨干领导力培训情况的统计分析

在 51 所管理骨干领导力培训与提升情况的调查中显示，65 位管理骨干普遍认为在工作中培训对领导力提升是有必要的，97.5% 的管理骨干希望得到领导力方面的培训。65 位被调查者中，目前每年接受领导力方面的培训频率在 1—3（含）次居多，为 61.5%，剩余 38.5% 表示未参加过领导力相关的培训，详见表 2，由此反映 51 所在领导力培训这一方面的培训力度仍需要加强。

表 2　每年接受领导力方面的培训频率

		频率	百分比	有效百分比	累计百分比
有效	无	25	38.5%	38.5%	38.5%
	1—3（含）次	40	61.5%	61.5%	100.0%
总计		65	100.0%	100.0%	

92.5% 的管理骨干认为在培训后领导力水平在不同程度上得到了提升，并且 40.2% 的管理骨干希望获得基本领导素质培训，59.8% 管理骨干希望获得专业领导能力培训，详见表 3。

表 3　领导力培训频率

		响应		
		个案数	百分比	个案百分比
领导力培训	基本领导素质培训	39	40.2%	60.0%
	专业领导能力培训	58	59.8%	89.2%
	其他	0	0.0%	0.0%
总计		97	100.0%	149.2%

2. 关于管理骨干领导力提升的统计分析

在关于领导力提升的方法调查分析中，被调研对象认为同行交流、参加培训、实践经验、看书学习四种方法均可提升领导力，且比例差异不大。其中 62 位管理骨干认为通过参加培训能在一定程度上提高自身的领导力，占有效样本 28.7%；61 位管理骨干认为通过与同行之间的交流能够获得领导力水平的提升，占有效样本 28.24%；52 位管理骨干认为通过实践经验能获得领导力的提升，占有效样本 24.07%；41 位管理骨干认为通过看书学习能获得领导力的提升，占有效样本 18.98%。详见表 4。

表 4　领导力提升的方法频率

		响　应		个案百分比
		个案数	百分比	
领导力提升的方法	看书学习	41	18.98%	63.08%
	参加培训	62	28.70%	95.38%
	同行交流	61	28.24%	93.85%
	实践经验	52	24.07%	80.00%
	其他	0	0.0%	0.00%
总计		216	100.0%	332.31%

在关于领导力提升与哪些因素相关的调查分析中，管理骨干普遍认为领导力提升与企业制度、企业战略、企业文化、企业环境、企业人员五个方面存在着紧密的联系，其中 62 位管理骨干选择企业文化，占有效样本 27.43%；46 位管理骨干选择单位战略，占有效样本 20.35%；45 位管理骨干选择单位制度，占有效样本 19.91%；43 位管理骨干选择单位环境，占有效样本 19.03%；30 位管理骨干选择单位人员，占有效样本 13.27%。由调查分析得出，单位人员对于管理骨干领导力提升的影响相对来讲较小，而企业文化、单位战略、单位制度、单位环境对领导力的提升影响较大，详见表 5。

表 5　领导力提升的因素频率

		响应		个案百分比
		个案数	百分比	
领导力提升的因素	企业文化	62	27.43%	95.38%
	单位战略	46	20.35%	70.77%
	单位环境	43	19.03%	66.15%
	单位制度	45	19.91%	69.23%
	单位人员	30	13.27%	46.15%
	其他	0	0.0%	0.00%
总计		226	100.0%	347.69%

3. 关于管理骨干领导力存在问题的统计分析

被调查的 65 位管理骨干中，41 位管理骨干认为单位内部领导力出现的主要问题受传统观念影响，占有效样本 31.78%；37 位管理骨干认为单位内部管理骨干领导力出现的主要问题是因为管理缺位所导致的，占有效样本 28.68%；认为管理骨干监督不到位的有 26 位，占有效样本 20.16%；认为培训机制老化的有 25 人，占有效样本 19.38%。

因此在激烈的市场竞争中，传统观念影响和管理缺位是51所管理骨干领导力目前存在的主要问题，详见表6。

表6 领导力的主要问题频率

		响应		个案百分比
		个案数	百分比	
领导力的主要问题	管理缺位	37	28.68%	56.92%
	监督不到位	26	20.16%	40.00%
	培训机制老化	25	19.38%	38.46%
	传统观念影响	41	31.78%	63.08%
	其他	0	0.0%	0.00%
总计		129	100.0%	198.46%

4. 关于管理骨干领导力提升的对策统计分析

关于领导力提升的条件情况的调查分析中，65位管理骨干中，51位管理骨干认为自身素质较高对于领导力的提升非常重要，占有效样本38.93%；50位管理骨干认为所层面支持对于管理骨干领导力的提升比较重要，占有效样本38.17%；28位管理骨干认为上级政策支持对领导力的提升带来一定的帮助，占有效样本21.37%，详见表7。

表7 领导力提升的条件频率

		响应		个案百分比
		个案数	百分比	
领导力提升的条件	上级政策支持	28	21.37%	43.08%
	所层面支持	50	38.17%	76.92%
	自身素质较高	51	38.93%	78.46%
	其他	2	1.53%	3.08%
总计		131	100.0%	201.54%

关于管理骨干领导力提升对策的调查得出，65 位管理骨干中，56 人认为提高综合素养能够提升领导力，占有效样本 29.47%；43 人认为改变组织观念能够提升领导力，占有效样本 22.63%；34 人认为结合组织绩效有利于领导力提升，占有效样本 17.89%；31 人认为运用领导力评估体系有利于领导力的提升，占有效样本 16.32%；26 人认为下放权力能够提升领导力，占有效样本 13.68%，详见表 8。由此分析得出提高综合素质、改变组织观念两个方面对管理骨干领导力提升的作用比较大。

表 8　领导力提升的对策频率

		响应		个案百分比
		个案数	百分比	
领导力提升的对策	下放权力	26	13.68%	40.00%
	改变组织观念	43	22.63%	66.15%
	提高综合素养	56	29.47%	86.15%
	运用领导力评估体系	31	16.32%	47.69%
	结合组织绩效	34	17.89%	52.31%
	其他	0	0.0%	0.00%
总计		190	100.0%	292.31%

（三）管理骨干领导力评价情况

1. 关于担当敬业方面的统计分析

管理骨干在担当敬业方面对自身领导力的评价方面平均得分为 4.70，根据具体调查的题目进行分析，得知 65 位管理骨干在“对于上级分配的任务能够不折不扣地执行”“能够主动参与到急难险重的任务中，并从中获取经验”和“在出现问题时，勇于承担责任，不推诿扯皮”三个方面需要继续努力。在“对于上级分配的任务能够及时执行”

方面，大多数管理骨干认为自己能够做到，详见表 9。

表 9 担当敬业方面统计结果

	个案数	总和	平均值
对于上级分配的任务能够及时执行	65	313	4.82
对于上级分配的任务能够不折不扣地执行	65	302	4.65
在出现问题时，勇于承担责任，不推诿扯皮	65	305	4.69
能够主动参与到急难险重的任务中，并从中获取经验	65	303	4.66
有效个案数（成列）	65		

2. 关于应对变化方面的统计分析

管理骨干在应对变化方面对自身领导力的评价方面平均得分为 4.33，根据具体调查的题目进行分析，得知 65 位管理骨干在“能够捕捉市场信息，为我所发展献计献策”方面需要继续努力。在“遇到重大问题和突发事件时，能够迅速采取有效措施”“敢于为我所更好地发展提供合理建议”“善于从所的全局和战略高度提出解决问题的策略”和“对于我所存在的问题能够及时向上级汇报”四个方面，大多数人认为做得还可以，详见表 10。

表 10 应对变化方面统计结果

	个案数	总和	平均值
能够捕捉市场信息，为我所发展献计献策	65	268	4.12
遇到重大问题和突发事件时，能够迅速采取有效措施	65	290	4.46
善于从所的全局和战略高度提出解决问题的策略	65	282	4.34
敢于为我所更好地发展提供合理建议	65	286	4.40
对于我所存在的问题能够及时向上级汇报	65	280	4.31
有效个案数（成列）	65		

3. 关于创新协同方面的统计分析

管理骨干在创新协同方面对自身领导力的评价方面平均得分为4.52，根据具体调查的题目进行分析，得知65位管理骨干在“能够积极推进部门甚至所的改革与创新”“善于运用各种方法避免与同级之间产生误会”“善于协调与同级之间的关系”三个方面需要继续努力。“在做重要决策前，乐于向同级请教”“对刚进入组织的同级给予积极指导”“能够在工作岗位中坚持创新，并持续改进”和“与同级之间的沟通交流无任何阻碍”四个方面，大多数人认为做得还可以，详见表11。

表11 创新协同方面统计结果

	个案数	总和	平均值
能够积极推进部门甚至所的改革与创新	65	283	4.35
能够在工作岗位中坚持创新，并持续改进	65	296	4.55
善于协调与同级之间的关系	65	292	4.49
对刚进入组织的同级给予积极指导	65	298	4.58
在做重要决策前，乐于向同级请教	65	305	4.69
与同级之间的沟通交流无任何阻碍	65	293	4.51
善于运用各种方法避免与同级之间产生误会	65	289	4.45
有效个案数（成列）	65		

4. 关于塑造团队方面的统计分析

管理骨干在塑造团队方面对自身领导力的评价方面平均得分为4.57，根据具体调查的题目进行分析，得知65位管理骨干进行自身领导力评价时，“尽量满足下属对职位相关的各种需求”“能调动下属工作积极性，发挥团队合力，提高整体绩效”两个方面有进步的空间，这说明51所管理骨干这些方面需要继续努力。“在下属工作出现问题时及时指出，并帮助他们克服困难”“在工作中，对下属好的想法和创意给予支持”“能够指导下属有效完成工作任务”和“能够做到信任下属，适当下放权力”四个方面，大多数人认为做得还可以，详见表12。

表12　塑造团队方面统计结果

	个案数	总和	平均值
在下属工作出现问题时及时指出，并帮助他们克服困难	65	308	4.74
能够指导下属有效完成工作任务	65	302	4.65
能够做到信任下属，适当下放权力	65	302	4.65
能调动下属工作积极性，发挥团队合力，提高整体绩效	65	292	4.49
尽量满足下属对职位相关的各种需求	65	275	4.23
在工作中，对下属好的想法和创意给予支持	65	305	4.69
有效个案数（成列）	65		

5. 关于关爱员工方面的统计分析

管理骨干在关爱员工方面对自身领导力的评价方面平均得分为4.65，根据具体调查的题目进行分析，得知65位管理骨干在“能够积极推动部门人才培养工作”和“善于关心下属的生活”两个方面需要继续努力。“做到与下属沟通交流非常顺畅”“对待下属能够做到公平公正”“对下属工作失误予以宽容和谅解”和“能够注重下属的个人发展，积极维护下属的合法权益”四个方面，大多数人认为做得还可以，详见表13。

表13　关爱员工方面统计结果

	个案数	总和	平均值
对下属工作失误予以宽容和谅解	65	302	4.65
做到与下属沟通交流非常顺畅	65	306	4.71
能够注重下属的个人发展，积极维护下属的合法权益	65	302	4.65
能够积极推动部门人才培养工作	65	299	4.60
善于关心下属的生活	65	299	4.60

续表

	个案数	总和	平均值
对待下属能够做到公平公正	65	306	4.71
有效个案数（成列）	65		

6. 关于丰富素养方面的统计分析

管理骨干在丰富素养方面对自身领导力的评价方面平均得分为 4.64，根据具体调查的题目进行分析，得知 65 位管理骨干在“对日常工作的安排非常具备条理性”“善于带头学习，打造学习型组织”和“善于学习，及时补充自身的专业知识”三个方面需要继续努力。“具备诚实守信的品格”“能够及时发现自身的优缺点，乐于接受别人的意见”和“热衷于自身工作，时刻保持充沛的精力”三个方面，大多数人认为做得还可以，详见表 14。

表 14　丰富素养方面统计结果

	个案数	总和	平均值
热衷于自身工作，时刻保持充沛的精力	65	305	4.69
对日常工作的安排非常具备条理性	65	294	4.52
具备诚实守信的品格	65	312	4.80
能够及时发现自身的优缺点，乐于接受别人的意见	65	305	4.69
能够及时发现自身的优缺点，乐于接受别人的意见	65	299	4.60
善于带头学习，打造学习型组织	65	286	4.55
有效个案数（成列）	65		

五、研究结论与建议

（一）研究结论

1. 管理骨干领导力培训与提升方面

在单位层面的支持下，通过安排管理骨干进行同行交流、参加培训、增加实践经验、鼓励看书学习的方式，提高管理骨干的综合素养、改变组织观念，同时结合实际完善企业文化、单位制度、单位战略、单位环境等因素，改善管理骨干领导力目前主要面临的管理缺位、传统观念影响的问题。

2. 管理骨干领导力评价方面

管理骨干在担当敬业、应对变化、创新协同、塑造团队、关爱员工、丰富素养六个方面进行自评的平均分为4.57。根据统计结果，51所管理骨干在应对变化、创新协同两个方面的自评情况未高于平均水平；塑造团队方面的自评秦高与平均水平一致；担当敬业、关爱员工、丰富素养三个方面的自评情况高于平均水平，详见表15。

表15　管理骨干领导力评价结果

项　　目	平均分
担当敬业方面	4.70
应对变化方面	4.33
创新协同方面	4.52
塑造团队方面	4.57
关爱员工方面	4.65
丰富素养方面	4.64

（二）相关建议

1. 构建领导力培训体系

在培训需求分析的基础前提条件下，掌握组织总体发展的战略，根据组织内部培训资源的配置状况，确定计划内对管理骨干培训想要达到的目标及其内容，然后详细规划管理骨干培训的规模时间频率以及对评估的标准，及培训师设置等各个方面进行总体的安排与布局。在领导力培训的过程中，要运用新颖的培训方法，比如交互式研讨、工具书导读以及主题沙龙等多种培训形式，通过多元化方法来挖掘管理骨干潜在的领导力，从而帮助他们提升自身的领导力。

2. 提高变革与创新能力

创新是一个国家发展的动力和源泉，在组织中也是如此，只有不断地进行创新，才能起到激励作用。由于管理骨干处于上传下达的位置，所以培养管理骨干的创新变革能力十分重要。管理骨干必须打破传统思维方式，善于灵活运用和调节自身思维定式，做到敢于挑战，并能够勇于承担自身的责任，同时要具备跳跃性思维，对相应的管理创新进行研究与分析，因为只有在不断管理创新的前提条件下才能真正运用到实践中。

3. 树立终身学习的志向

在事业单位改革及转企的大背景下，随着社会快速发展，市场竞争越发激烈。51 所若想在市场中占有一定的地位，管理骨干首先要树立终身学习的思想，掌握各方面的学习知识，成为学习型现代管理者，才能应对各式各样的变化。管理骨干在不断学习和充电的前提条件下，才不会被时代和市场所淘汰，而管理骨干在团队管理时，有利于为团队成员树立榜样，激发团队成员学习动力，从而构建学习型团队，提高团队整体工作绩效与整体竞争力。

（三）研究局限及展望

1. 研究局限

虽然本文的研究取得了一些成果，但仍然存在一些局限性，主要包括：第一，样本的数量及代表性问题。本文问卷发放数量有限，不一定能够完全代表基层事业单位的普遍情况。第二，调研问卷评价对象的局限性。本次关于管理骨干领导力采取的是管理骨干自评的方式，没有采用他评，较难做到完全的客观公正。第三，研究方法和研究工具的局限性。本文重点采用了文献研究法和问卷调查法，并通过 SPSS 23.0 进行数据分析，分析工具单一，使得研究仍存在缺陷。第四，自身水平的局限性。对提升 51 所管理骨干领导力的对策可能缺乏创新性，资料搜集相对不够全面，对管理骨干培养的理论研究不够彻底。

2. 研究展望

未来的研究可以在以下几个方面做出改进：第一，扩大样本数量及范围，提升研究成果在实证下的可信度，以至于更具有普遍参照性。第二，采用第三方评价等方式收集管理骨干领导力相关数据，提升评价的客观性。第三，辅以定性研究方法，如通过深度访谈法获取深度信息，并运用其他统计软件弥补 SPSS 的不足。第四，扩大对 51 所管理骨干领导力的研究维度与指标，并进行更广泛的实证研究，得出有价值的结论，力求指导未来基层事业单位管理骨干领导力的发展。

第四部分

参考借鉴

天津市创新平台引育人才研究

高　峰[1]　王振华[2]　许优美[3]

天津市始终将创新作为发展第一动力，深入实施创新驱动发展战略，围绕“一基地三区”功能定位，聚焦人工智能、生物医药、新能源、新材料等重点领域，全力推动重大科研设施和创新平台建设，服务天津高质量发展。人才是引领创新平台建设的第一资源，为进一步加强天津市科技人才队伍建设，掌握创新平台人才队伍现状，开展创新平台在人才引进、培养、使用方面的需求和问题研究，提出加强创新平台引智育才工作的针对性建议，更好发挥创新平台人才集聚作用，为天津市打造自主创新重要源头和原始创新主要策源地，全面建设社会主义现代化大都市提供人才支撑。本文中所提到创新平台是指以提高创新能力和地区综合竞争力的重要平台载体，主要包括但不限于重大科技基础设施、国家重点实验室、海河实验室、市级重点实验室、企业重点实验室、技术创新中心等具有前瞻性和战略性的创新主体。

一、创新平台发展现状

（一）创新平台建设基础

产业和区位优势是创新平台建设的重要基础。天津作为中国近现

1　高峰，天津市科学技术发展战略研究院科技与社会发展研究部部长、副研究员，主要从事科技人才、科技政策研究。

2　王振华，天津市科学技术发展战略研究院助理研究员，主要从事科技人才研究。

3　许优美，天津市科学技术发展战略研究院高级工程师，主要从事科技人才研究。

代工业的重要发祥地，工业基础雄厚，是全国工业产业体系最完备城市之一，2021 年，全市规模以上工业总产值突破 2 万亿元，增长 18.4%，制造业增加值增长 8.3%，占全市 GDP 比重达 24.1%，拉动全市经济有力发展。天津具备中国北方最大港口城市、国际性综合交通枢纽、“一带一路”重要节点和战略支点独特区位优势，实施制造业立市战略，全国先进制造研发基地核心竞争力持续增强。

教育和人力资源是创新平台建设的知识保障。天津市拥有 56 所高等学校，其中职业院校 26 所，南开大学、天津大学、天津医科大学、天津工业大学、天津中医药大学等 5 所高校、14 个学科进入国家“双一流”建设行列。全市人才总量超过 300 万人，各类高层次人才总数超过 7000 人。全市科技活动人员超过 30 万人，科研创新能力活跃。高等学校在校生达到 52 万人，万人高等学校在校学生数位居全国第二，十万人博士毕业生数在 31 省市中位居第三，综合科技创新水平位居全国第四。

企业、科研院所等创新主体是创新平台建设的载体保障。天津市培育有一批科技型领军企业，截至 2021 年底，国家级制造业单项冠军企业、国家级“专精特新”小巨人企业分别达 16 家和 130 家，在 24 个万亿 GDP 城市中名列第五。国家高新技术企业和国家科技型中小企业均突破 9100 家，市级科技型领军（培育）企业达到 246 家，独角兽企业 9 家。在津投资的世界 500 强企业达 269 家。集聚国家超级计算天津中心、中国科学院天津工业生物技术研究所、中国医学科学院生物医学工程研究所等为代表的国家级科研院所或分支机构超过 170 家。

（二）创新平台基本情况

截至目前，天津市建设运行技术创新中心、产业创新中心和制造业创新中心等国家级创新平台 165 家。包括，算力世界第一的新一代超级计算机；我国地震工程领域首个国家重大科技基础设施——大型地震模拟研究设施；全国第三家获批复的专业性技术创新中心—国家合成生物技术创新中心；14 家国家重点实验室，其中组分中药国家重点实验室建有世界最大的中药组分库；3 家国家临床医学研究中心，血液系统疾病临床医学研究中心是全球最大、亚专科最齐全、辐射最广的血液病综合诊疗中心；71 家国家级企业技术中心，以及 38 家国家工程研究中心和 22 家其他平台。依托高校、科研院所和企业等用人单位建设一批重点实验室、企业技术中心等市级创新平台，其中海河实验室 6 家，市级重点实验室 161 家，企业重点实验室 189 家，企业技术中心 579 家，为打造自主创新重要源头和原始创新主要策源地提供了重要保障。

（三）创新平台建设主要举措

强化创新平台体系建设。天津市积极推动国家重点实验室重组，瞄准产业协同、创新协同，聚焦人工智能、生物医药、新能源、新材料等重点领域，对标国家实验室，集中全市优势力量，启动物质绿色创造与制造、先进计算与关键软件、合成生物学、现代中医药、细胞生态、脑机交互与人机共融等 6 个海河实验室建设，形成以全国重点实验室为引领、海河实验室为核心、市级实验室为基础的实验室体系。加强与京冀两地科技创新合作，协同共建京津冀国家技术创新中心。以重点高校和国家级创新平台为依托，高标准建设天开高教科创园，推出 34 条扶持支持政策，打造天津科技创新策源地、科研成果孵化器、科技服务资源集聚区。

强化政策制度保障。围绕海河实验室平台建设、科研项目申报等多方面编制《海河实验室政策落实工作指引》，强化相关政策宣传指导。鼓励和支持海河实验室探索建立新型研发机构运营管理模式，围绕自身特色建立“多样的自主用人、灵活的市场薪酬、自主的职称评审、科学的评审评价、多元的资金筹措、协同的产业转化、赋权的增能激励”等新型体制机制，并出台一系列涵盖科研管理、资金管理、资产管理、项目和产业对接等的管理制度，最大限度为创新平台放权赋能。围绕创新能力提升，市政府印发出台《天津市推动制造业高质量发展若干政策措施》，加大对战略性新兴产业领域企业技术中心培育认定力度，对市级产业创新中心、技术创新中心、制造业创新中心创新能力提升项目，按照实际投资额的30%，给予最高1500万元支持。对市级工程研究中心、重点实验室、企业技术中心创新能力提升项目，按照实际投资额的30%，给予最高200万元支持。

（四）创新平台发展成效

依托创新平台产出一批“津”成果和优势技术，新一代超级计算机、大型地震工程模拟研究设施、国家合成生物技术创新中心、组分中药国家重点实验室等重大科技基础设施和创新平台，在抗击新冠肺炎疫情、助力北京冬奥会举办等过程中贡献天津力量，成为服务科技强国建设的重要战略支点。脑机交互与人机共融海河实验室最新科研成果216指令集，再次刷新了国际无创脑机交互性能指标纪录，成为200指令集以上世界最大脑控指令集。225MN重型卧式铝挤压成套装备、嵌合CD19受体T细胞免疫治疗、人工心脏、光伏用12英寸硅片、智能磁悬浮透平真空泵技术等一批最新科研成果，不断突破国外垄断，刷新世界之最，破解“卡脖子”技术难题，在“南水北调”、“嫦娥”探月、“中国天眼”、“复兴号”、“天鲸号”、港珠澳大桥等国家重大创新程中做出贡献。高效手性螺环催化剂、酵母长染色体精准定制合成等重大原创性成果不断涌现。

二、创新平台人才引育做法与成效

（一）创新平台人才引育重点举措

优化人才引进政策。为进一步做好人才引育工作，天津市委、市政府于 2021 年 5 月出台《关于深入实施人才引领战略加快天津高质量发展的意见》，作为“海河英才”行动计划升级版，实施更加开放、精准的人才引育政策。瞄准外籍人才和留学回国人员各项需求，在创新创业、项目申报、工作居留等方面提供更多便利化措施，着力提升天津对海外高层次人才的吸引力。围绕“一基地三区”定位，聚焦重点产业领域，在实施人才培育专项、建设高端产业平台等方面，出台精准举措。着眼促进人才链、产业链、项目链、技术链、资本链“五链”融合，加快推进十大产业人才创新创业联盟建设，重塑人才创新创业生态体系，使人才创新有平台，技术应用有场景，产品销售有市场。围绕人才发展需求，在住房安居、配偶就业、医疗保健、小客车指标等方面，提出了更有针对性的政策措施。

创新人才引进方式。赋予重大创新平台引才自主权，采用“企业提名单，政府照单办”方式引进急需人才。编制高层次和紧缺人才目录，探索科学家、企业家人才项目举荐制度，开辟高层次人才引进绿色通道，对顶尖人才采取“一人一策”方式给予支持，不断拓宽人才引进渠道和路径。借助世界智能大会，创新创业大赛等活动，面向全球发布人才政策和需求信息。建设天津（滨海）海外人才离岸创新创业基地通过科创“飞地”集聚海外人才，率先出台外国人来华工作许可便利举措等引进急需紧缺外国高端人才。采取揭榜制、挂帅制、科研众包等方式，征集破解“卡脖子”技术难题的人才和团队。依托中国博士后国际交流计划引进项目，实施海河实验室及其科学家举荐制，支持海河实验室及相关建设单位引进毕业学校（学科）排世界前列的海外博士和国内一流大学毕业博士。借助南开大学国际人才论坛、天大北洋青年科学家论坛开展博士后线上云招会，为海河实验室等创新平台组织专场直播带岗活动。支持创新平台柔性引才，探索“大学—海河实验室”人员双聘制度，人才双向流动的“旋转门”逐步打开。

构建协同育人模式。支持企业创新平台以科技特派员形式吸纳高校院所科研人员为企业服务，鼓励企业研发人员被聘为市内外高校导师。支持企业博士后流动站、工作站与高校、科研院所联合招收博士后，支持高校与重点产业链龙头企业联合培养非全日制专业学位研究生，通过有组织科研攻关培养一批科技领军人才和高水平创新团队。深化职业教育产教融合发展，全市 70% 左右的高职院校和 50% 左右的中职院校由行业企业举办，形成产业、行业、企业、职业、专业“五业联动”的办学模式，通过校企共建产业学院培养急需紧缺人才。发挥企业在技能人才培训中的作用，加强企业公共实训基地、技能大师工作室等建设，引进知名职业培训机构，多渠道搭建技能人才培养平台。以赛事活动为重要工作抓手，广泛开展职业技能大赛，深化以赛促学、以赛促训，推动产教融合，提高人才培养质量。

营造良好人才生态。在海河实验室探索建立职称改革综合试验区，深化“以才评才”评审机制，实施“四单一顶格”改革措施，即支持海河实验室单独组建职称评委会、单列评审计划、单设评审标准、单独组织评审，顶格下放正高级职称评审权，真正将人才评价的“指挥棒”交给用人主体，增强人才幸福感和归属感。扎实推动科技成果转化“三部曲”落实落地，探索赋予科研人员成果所有权和长期使用权。深化职称评审制度改革，赋予民营企业职称评审自主权。整合政务部门服务资源和事项，为人才提供人才居留和出入境便利、通关服务、人才职称评审、单位聘用等政务服务，进一步丰富服务内容。深入推行“一制三化”改革，减要件、减流程、让数据多跑路、科技人员少跑腿，加快数字化赋能，建设政务一网通平台，基于大数据为人才提供更加高效的服务，不断提高服务效能。成立天开园实验室联盟，吸纳天津市400余家实验室和服务机构，集聚院士、杰出青年和长江学者等高端人才，为各类高端人才创新创业提供有力的平台支撑和载体保障。

（二）创新平台人才引育成效

天津市国家和市级重点实验室、技术创新中心、产业技术研究院等创新平台聚集各类科技人才3万余人，其中包含两院院士、国家杰青等领军人才在内的高层次人才数量达5000人，6家海河实验室聚集两院院士在内的国家级人才团队182个，科研团队规模超千人。形成二氧化碳人工合成淀粉、特效率突破50%的商业化应用柴油机等一批颠覆性、原创性、标志性成果，有效攻克操作系统、微处理器芯片、高比能量锂离子动力电池等关键核心技术和卡脖子技术，涌现出“人民英雄”张伯礼、“时代楷模”张黎明等领军人才和大国工匠。依托创新平台“筑巢引凤”作用，天津市人才队伍持续壮大。截至2023年6月底，“海河英才”行动计划累计引进人才46.4万人，大学本科以上学历人才占比超过70%，技能人才达273万人。

三、创新平台人才引育存在的问题

一是人才引进精准度尚需提高。人才需求画像不够明确，引才条件主要围绕学历、专业、职称等设置，引进人才与岗位需求匹配度不高，缺乏有效的人才发现机制。现有引才渠道比较单一、形式传统。

二是人才培养规划性亟须加强。部分平台较多的关注人才使用，缺少对人才成长的清晰定位和系统设计，缺乏差异化培养目标和路径。

产教融合不紧密，科研成果与市场需求脱节，“关起门来搞研究”现象仍然存在。

三是人才评价和激励机制仍需完善。人才评价政策落实不到位，缺乏人才评价标准“破”与“立”的有机统一。基础研究人员和青年人才的科研稳定支持不够，薪酬激励机制还不够完善，不利于人才长期潜心研究问题。

四是人才创新服务环境还要优化。创新平台科研人员普遍反映面临的工作和生活压力比较大，现有学术交流和沟通平台较少。服务水平难以满足人才创新创业个性化需求，专业化人才队伍数量不足。

四、加强创新平台人才引育的对策建议

（一）加强平台建设，增强载体人才承接能力

一是加强创新平台建设顶层设计。充分考虑天津市资源禀赋、产业基础、硬件设施、经济社会发展条件等基本现状，推动创新平台聚焦国家战略和天津市高质量发展需要，突出优势领域，进行科学合理规划，给予资金和政策方面的支持。二是布局建设新的创新平台。抢抓重点实验室优化重组机遇，积极申请国家级重点平台在津布局，聚焦生物医药、材料、海洋、制造、工程等重大创新领域，建设一批标志性人才承接载体。为顶尖人才量身打造专属工作平台，充分向科学家授权，给予科学家工作平台的命名权、经费包干使用权等，更加突出“人”在科技创新中的主导地位。三是提升现有创新平台能级。支持天开高教科创园建设，推动创新资源向园区集聚，推动企业与高校院所联合开展科技攻关、承担国家重大项目、实施核心技术和高价值科技成果概念验证活动，引导在津高校科研人员科技成果在园区内转化，调动社会力量向园区开放科学仪器和实验设施，共同打造科技创

新策源地。支持海河实验室建设，鼓励开展体制机制探索，加大科技创新投入，搭建项目、金融、人才等科创资源对接平台，提升海河实验室结构功能和综合实力。

（二）精准引育人才，打造一流科技人才队伍

一是精准高效识别人才。聚焦创新平台和产业链发展需求，制定信息翔实的急需紧缺人才目录。基于大数据挖掘和分析，关注人才集聚地区和机构，绘制人才地图，构建人才合作关系网络，为创新平台实现精准引才提供科学依据。挥顶尖人才“以才荐才”作用，发现和识别具有潜力的人才。注重发挥猎头公司在人才引进过程中的作用，为创新平台精准识别海内外高层次人才。围绕企业创新平台的人才需求，组织开展分领域、分专业的专场招聘对接会，推动高层次人才向企业集聚。鼓励创新平台采用柔性引进、共引共享等“但求所用”的人才引用模式进一步壮大人才队伍规模。二是提高人才培养的规划性。推动人才计划和各类科研项目、基地、计划相衔接，建立“项目＋人才＋平台”人才培养模式，在创新实践中有针对性地培养人才。鼓励创新平台自身发展需求，加强人才成长规划的顶层设计，建立人才梯队培养体系，尊重人才成长规律，研究制定与人才成长相匹配的精准化培养目标和路径。依托创新平台载体，联合开展重大科技攻关，培养和造就一批创新领军人才和创新团队。支持青年人才牵头承担重大科研任务，提高青年人才承担科技计划项目比例，做好人才的培养和储备。三是构建产教融合人才培养体系。坚持人才自主培养主渠道，优化高校学科布局，根据创新平台需要设置低碳环保、先进计算、脑机交互等前沿交叉学科，提高新兴产业和未来产业人才自主供给能力。搭建校企合作交流平台，建立供需清单发布机制，组织专题技术对接活动、技术发布会等，有效传递市场需求。完善产教融合协同育人、工程硕博接续培养的一体化贯通培养模式，推动产学研用互通互促，引导科研人员到生产一线解决科学问题。以产业发展需求为导向，持续深化工程类专业学位人才培养改革，加大高校和企业联合培养非全日制研究生力度，打造更多创新实践应用场景，支持高校建设卓越工程师学院，培养符合现代产业发展需求的高水平工程技术人才。

（三）完善体制机制，激发人才创新创造活力

一是持续完善人才评价机制。针对创新平台行业、专业和岗位特点实行差异化的评价标准，推行代表作评价制度，充分发挥人才评价指挥棒作用。注重个人评价和团队评价相结合，尊重和认可团队所有参与者的实际贡献，科学设置人才评价周期，基础研究人才、青年科技人才重点推行聘期评价、长周期评价。二是实施以增加知识价值为导向的分配机制。赋予创新平台等科研单位科技成果使用、处置和收益分配自主权，利用财政资金设立的高等院校和科研机构创新平台可以赋予科技人员职务科技成果所有权或长期使用权，落实职务科技成果转化现金奖励税收减免政策，破除阻碍成果转化各类“细绳子”问题。支持“校企双聘”“院校双聘”，鼓励科研人员在岗创办企业或离岗创业。开展高等学校、科研院所创新平台薪酬制度改革试点，优化和规范分配制度，坚持薪酬分配同绩效紧密挂钩。三是为科研人员减负赋能。充分尊重科学研究规律，科研项目管理实施项目经理人制和技术总师制，赋予创新平台和科研人员更大的人财物自主支配权，制定科研人员保障政策，为科研人员赋能，提高创新创造积极性。鼓励设立事业单位编制池，符合条件的创新平台可为核心骨干人员申请使用编制，增强人才吸附力。完善保障科研人员专心科研制度，减少参加非学术性、应景性、应酬性活动和不必要的评审评价活动，确保科研人员把主要精力投入科技创新和研发活动。支持创新平台建立科研助理与专员制度，设立科研助理岗，为科研人员减负。

（四）优化人才服务，涵养人尽其才良好生态

一是加强人才医疗住房待遇保障。根据不同情况，高端人才可分别享受顶尖专家、院士和相当于院士的专家、重点联系专家医疗保障待遇。在创新平台集聚的区域可设定一定比例人才共有产权房，采用出售、出租、赠予方式保障人才住房。二是加强便利化工作生活设施保障。完善创新平台科技人才集聚区交通、会议、购物等基础设施配套，大力布局 5G、互联传感设施、充电桩等新基建，在创新平台相对比较集中的地区搭建“咖啡屋网络”等非正式人才交流平台。三是营造优越创新文化氛围。借助世界智能大会、夏季达沃斯论坛等重要活动，积极在国际舞台展示天津形象。大力弘扬以爱国主义为底色的科学家精神、企业家精神，完善人才创新创业容错免责机制，在全社会营造鼓励大胆创新、勇于创新、包容创新的良好氛围。四是提升个性化服务水平。设立高层次人才服务专区，组建服务专员队伍，精准解决高层次人才个性化需求，形成“专窗—专员—专线—专访—专家”的“五专一体”服务机制，完善全链条全流程的科技服务体系，打造科创服务生态圈。

全力打造高水平人才高地，推进北京国际科创中心建设

张晓静[1]

2023 年 5 月，科技部等 12 部委印发《深入贯彻落实习近平总书记重要批示精神加快推动北京国际科技创新中心建设的工作方案》。该方案指出，围绕到 2025 年基本形成北京国际科技创新中心的战略目标，发挥首都教育、科技、人才优势，坚持“四个面向”，以加快实现高水平科技自立自强为根本，以支撑高质量发展为主线，以深化改革为动力，推动北京率先建成世界主要科学中心和创新高地，有力支撑科技强国和中国式现代化建设。当今世界正经历百年未有之大变局，新一轮科技革命加速演进，国际环境日趋复杂。我国经济进入高质量发展阶段，经济增长更多依靠科技进步和人才资源开发。正如习近平总书记所强调，人才是第一资源。国家科技创新力的根本源泉在于人。加快推动北京国际科技创新中心建设，应强化人才支撑，打造高水平人才高地。

一、打造高水平人才高地的意义

（一）高水平人才高地内涵

人才高地从人力资源的角度来看，可以定义为：在某一区域或领域内，具备或吸引高层次、多样化、创新型和领导力型等特质的人才集群。这个集群有着深厚的专业背景，丰富的实践经验和卓越的创新

---

1 张晓静，北京市科学技术研究院科技情报研究所人力资源和财务部主任，主要从事人力资源管理、人才政策研究。

能力，是推动组织和行业发展、引领区域或领域前进的重要力量。

高水平人才高地是全球各类卓越人才集聚、成长和向往之地，是全球各类优秀人才及其与资本、技术、信息、空间、环境充分互动的交融、创造和发展之地，也是改变世界、创造未来的新知识、新技术、新流程、新模式、新产业、新文化的策源、发明、诞生和交汇之地。此外，高水平人才高地是世界重要人才中心和创新高地的重要组成部分，与高层次人才集中的中心城市和战略支点等共同构成了一个雁阵格局和网络体系。在这个体系中，高水平人才高地扮演着“排头兵”和“先行者”的角色，为推动全球科技创新和经济发展做出了重要贡献。我们可以从三个维度来理解：在质量维度上，高水平人才高地拥有规模宏大、素质优良的人才队伍，在人才存量势能和发展动能上具备高位优势，表现为高层次人才集聚和高水平推进人才事业发展。在地域维度上，高水平人才高地建设以城市（及城市群）为基本单元，城市作为科技创新和产业集聚的主要载体，也是制度创新和突破性改革举措落地的责任主体，在区域协同发展中占据分工优势。在领域维度上，高水平人才高地能够引领科技前沿和重点产业发展，在创新链产业链协同方面凸显人才引领作用和溢出效应。

（二）高水平人才高地的类型

以国外典型创新型城市发展经验为借鉴，城市吸引集聚人才既有共性特征，又各有侧重和特色，高水平人才高地可能有多种类型。

按照科教资源和产业发展来划分，高水平人才高地可以分为科教资源密集型和产业发展驱动型。科教资源密集型城市一般包括世界一流的高校和科研院所，具有强大的科研实力，能够培养和集聚大批高层次创新型科技人才，例如美国旧金山湾区、美国波士顿和英国伦敦等地。而产业发展驱动型城市则以产业技术创新和制造业规模水平优势为特点，能够吸引大量应用型科技人才和商业化人才，例如德国慕尼黑等地。

按照资源要素类型来划分，高水平人才高地可以分为资源要素汇聚型。这种类型的人才高地通常依靠交通、金融、信息、技术等优势吸引跨国企业在当地布局全球创新链和产业链，并集聚优秀的创新创意人才，例如美国纽约和日本东京湾区等地。

从制度环境的角度来划分，高水平人才高地也可以分为制度环境优化型。这种类型的人才高地积极为人才事业发展提供制度保障，营造良好的工作生活环境，以吸引人才长期居留创业发展，例如新加坡等城市。

总的来说，高水平人才高地的类型多种多样，可以根据不同的划分标准进行分类。不同类型的人才高地在吸引和培养人才方面都有各自的特点和优势，这也为不同区域或城市提供了多样化的发展路径。

（三）打造高水平人才高地的必要性

打造高水平人才高地对于实现国家发展和民族振兴的目标、适应和引领现代化建设的新要求、推动科技创新和产业升级、参与国际人才竞争和提高国际竞争力、促进人才区域合理布局和协调发展等方面都具有重要意义。一是实现国家发展和民族振兴的目标。习近平总书记指出，“国家发展靠人才，民族振兴靠人才”。高水平人才高地的建设，是实现国家发展和民族振兴的重要支撑和保障。二是适应和引领现代化建设的新要求。党的二十大报告提出了“强化现代化建设人才支撑”的要求，并强调“教育、科技、人才是全面建设社会主义现代化国家的基础性、战略性支撑”。因此，打造高水平人才高地，是适应和引领现代化建设新要求的重要举措。三是推动科技创新和产业升级的关键。高水平人才是推动科技创新和产业升级的关键因素。通过打造高水平人才高地，可以吸引和培养更多的高端人才，为科技创新和产业升级提供源源不断的人才支撑。四是参与国际人才竞争和提高国际竞争力的需要。当前，世界各国都在加大人才引进和培养力度，争夺高端人才。建设高水平人才高地，将有助于提高我国在国际人才竞争中的地位，增强国际竞争力。五是促进人才区域合理布局和协调发展的必然。党的二十大报告提出了“加快建设世界重要人才中心和创新高地，促进人才区域合理布局和协调发展，着力形成人才国际竞争的比较优势”的要求。因此，打造高水平人才高地，是促进人才区域合理布局和协调发展的必然选择。

二、北京建设高水平人才高地的现状

党的十八大以来，北京围绕习近平总书记和党中央指示批示，积极打造国家战略科技力量，开展科研体制机制创新，先行先试系列改革措施，吸引、培育全球顶尖人才，国际科创中心建设成效显著，科研机构众多、人才基础雄厚，具备较好的建设高水平人才高地的基础。

（一）立足人才优势，“金字塔”人才梯队初步显现

北京拥有 90 多所大学、1000 多所科研院所，34 所高校、162 个学科入选国家“双一流”建设名单。根据《北京人才发展报告（2021）》，截至 2020 年，北京市人才资源总量达到 781.3 万人，人才密度达到 62%；北京有两院院士 800 余名，占全国的近一半；北京入选国家级、北京市级各类人才项目者超过 5000 人。在京“高被引”科学家数量屡创新高，2020 年共有来自 47 个单位的 255 名科学家入选，居全国第一位；全市专业技术人才总量达 395 万人，技能人才总量达 370.1 万人，其中高技能人才总量达 114.4 万人，北京人才数量规模优

势明显。

丰厚的教育资源、高质量的人才自主培养体系，造就一大批创新人才和科技人才，为北京建设国际科技创新中心提供强大智力支持。北京已经形成相对完善、相互衔接的人才培养体系。比如，面向青年科技骨干的“科技新星计划”“青年科学基金项目”，面向新兴学科和产业发展的“首都科技领军人才培养工程”，面向高层次人才的“北京学者”、中关村“高聚工程”等。以青年优秀人才为基础、领军后备人才为骨干、领军人才为中坚、两院院士和战略科学家等杰出人才为引领的“金字塔”形人才梯队初步显现。形成了“高端引领、带动全局”的人才发展格局。

（二）利用科技优势，夯实科创中心建设基础

北京市 2022 年研发经费投入强度保持在 6% 以上，每万人发明专利拥有量达 218.3 件，涌现出一批世界领先原创科技成果。在战略科技力量布局上，北京依托国家确立的战略定位，围绕国家重大战略需求，构建以中关村科学城、怀柔科学城、未来科学城和北京经济技术开发区为“三城一区”的科技创新发展格局。在紧要处落好子，集中力量推进国际科技创新中心建设，率先探索形成“五子”联动的新发展格局。以人才为第一资源，“三城一区”构建起“基础设施—基础研究—应用研究—成果转化—高精尖产业”的科技创新链条，形成以“三城一区”为重点，辐射带动多园优化发展的科技创新中心空间格局，构筑北京发展新高地。在京津冀协同创新方面，通过工作机制联动、科技资源共享、创新平台共建等方式，在人才流动、资金扶持、成果转化、项目建设等方面，逐步打通传统的区域壁垒和堵点，努力推动发展互利共赢。抢占科技发展战略机遇，着力打造国家战略科技力量，在实现高水平科技自立自强方面取得了丰硕成果，为北京建设国际科技创新中心奠定了坚实基础。

（三）发挥政策优势，努力打造人才培养良好环境

一是强化人才培养机制。印发实施《新时代推动首都高质量发展人才支撑行动计划（2018—2022 年）》，培养北京发展亟须的各类优秀人才。在产业技术技能人才开发方面，出台《北京市新基建、新场景、新消费、新开放、新服务重点产业领域人力资源开发目录（2020 年版）》，在政府、高校和产业间架设人才开发桥梁。

二是探索人才激励机制。拓宽奖励范围，提出扩大人才奖励范围，新的科技奖励制度改革在原有项目奖的基础上增设人物奖，包括突出贡献中关村奖、杰出青年中关村奖、国际合作中关村奖，通过加大对人才的激励力度，发挥获奖人物的示范引领作用，加大对战略科学家、科技创新领军人才、高技能人才、青年科技人才和创新创业团队的奖励力度，增强科技人员的获得感、责任感、使命感。

三是改革人才评价机制。探索高端领军人才职称评价“直通车”模式，将高端人才评价范围从工程技术向新兴领域及科技成果转化领域拓展；将职称评审权限进一步下放给部分科研机构，将选人用人权利交给用人主体，激发用人单位引才用才的积极性；推行代表作评价制度、扩大代表作范围，改革医学科技人才评价机制和下放医疗卫生机构自主评审权限；针对新职业新群体探索职称制度改革，增设创意设计、科学传播、人工智能、技术经纪等新业态的职称专业。实施更具吸引力的引智政策。北京市政府制定了一系列政策，优化国际人才出入境、引进、兴业、服务机制，建立优秀人才引进绿色通道。“三城一区”量身定制人才引进办法，为顶尖科学家和创新团队开通人才引进通道。通过国际人才社区建设，改善海外人才生活居住环境。

三、北京距国际一流科创中心标准尚存差距

北京在建设国际一流科创中心方面取得成绩的同时，我们也要清楚地意识到我国人才虽然资源规模总量大，相较于国际上领先的科创中心城市，北京在人才的结构层次、激励保障、发展环境和国际化程度等方面还有待提高。主要体现在以下几个方面。

一是人才发展质量与国家发展需求还有差距。人才培养方面在一些关键领域和重要岗位上，缺乏具有国际竞争力的国际顶尖人才和创新团队，在新材料、人工智能和生命科学领域缺乏高端人才和顶级科学家的领军人才；在教育方面，还存在重知识传授、轻能力培养的问题，学生的创新能力和实践能力有待提高。在人才使用方面，一些用人单位对人才的评价标准不够科学，存在重学历、轻能力的现象；此外，基础研究人员发挥作用不够，高新技术企业研发人员不足，人才培养激励机制有待完善，一些用人单位也缺乏有效的激励机制，难以吸引和留住优秀的人才。

二是世界一流的顶尖人才数量较少，人才引领科技创新、支撑产业竞争的效能尚待提升。人才培养机制不够完善，高等教育和科研体系还存在一些问题，如学科设置过于单一，缺乏交叉学科的培养机制，学科评估标准不够科学等，这些都影响了优秀人才的培养。人才引进机制不够健全，虽然已经采取了一系列措施来吸引海外人才，但是与国际先进水平相比，人才引进的力度和效果还存在着一定的差距。同时，一些用人单位的引才机制也存在着一些问题，如科技创新环境不够优化。虽然已经加大了对科技创新的支持力度，但是在一些领域和环节上还存在不足，如知识产权保护不够严格，科研资金和设备的投入不足等。这些都限制了科技创新的发展，以及优秀人才的发展和作用发挥。

三是吸引集聚人才的环境有待优化。在人才流动上存在一些壁垒，包括户籍制度、社会保险制度等，这些制度限制了人才的跨地区流动，使得一些优秀人才难以自由发展。人才评价机制不够科学，过于注重学历、论文等量化指标，而忽视了实际工作能力和贡献等，这也影响了优秀人才的评价和选拔。人才激励机制不够完善，难以有效激发人才的积极性和创造性。国际人才集聚程度不高，人才吸引能力有限，社会文化环境对人才的重视程度还要加强，缺乏对人才的充分尊重和有效支持，这也影响了优秀人才的吸引和集聚。

四、为加快建设北京国际科创中心提供高层次人才保障

在全面加快建设北京国际科创中心的过程中，要充分考虑首都区位优势和人才结构特点，优化完善科技创新体制机制，强化教育、科技、人才支撑，提升高质量人才自主培养能力，形成北京独有的人才资源和竞争优势，为推动国际一流科创中心城市建设提供强大的基础保障。因此，建议从以下几方面入手进一步加强北京高水平人才高地建设。

（一）要进一步加强高层次、复合型科技人才培养

一方面，从科技人才的成长规律来看，要培养高水平复合型人才，应更加注重基础学科和多学科的学习培养，注重专业知识的交叉融合，坚持产学研协同联动。北京具备高校和科研院所的集聚优势，针对目前我国部分关键领域高精尖人才缺乏的现状，应加强高校基础学科、新兴学科、交叉学科设置，加快建设高质量基础研究学科知识体系，加强基础研究合作办学，在本科、硕士和博士等阶段重点培养不同类型的复合型人才，培养一批具有跨学科、深度融合的硕、博士研究生，建立专业有机衔接、学科交叉融合的人才培养方案。

另一方面，提升人才自主培养能力，围绕综合性国家科学中心、世界领先科技园区等建设，充分发挥高水平研究机构和人才在引领国际学术前沿、催生产业技术变革等方面的策源功能。鼓励支持高校、科研院所和科技领军企业之间的交流合作，共同培养科技创新人才。通过产学研实践融合和协同创新，培养同时具备理论知识与产业经验的跨界人才，推动科技成果转化和产业化，前沿技术与实体经济不断融合，提高科技创新人才的实践能力和创新创业能力。

（二）要进一步加强人才激励和服务保障

一方面，针对目前基础研究人员发挥动能不足和高精尖人才创新成果转化率不高的问题，应着力健全完善科技人才动态培养机制，优化人才发展环境，“破四唯”和“立新标”并举，加快建立形成以创新价值、能力、贡献为导向的科技人才激励机制。优化高层次人才、急需紧缺人才和产业人才的职称评审机制，加大优秀青年科技人才扶持力度，实施好卓越青年科学家计划、杰出青年人才计划等人才项目。强化市级财政资金统筹，引导和鼓励社会资本投向基础研究、新技术应用等领域，持续支持企业提高研发投入强度。建立和完善人才激励机制。对于高层次、复合型科技人才，应当注重物质激励与非物质激励相结合，提供更具竞争力的薪酬待遇、科研经费和科技成果转化奖励等措施，激发其创新热情和潜力。加强优化人才服务体系建设，建立健全更具人文关怀的人才服务保障机制，提供更加便捷、高效的人才服务，包括安家落户、子女教育、医疗保障等方面的支持，为人才在北京的创新创业创造更加稳定和优越的环境。切实解决好科技人才职业发展和生活保障等方面的实际问题。

另一方面，完善科技创新人才全链条培养机制，在重大科技任务中培养造就领军人才，支持青年科技人才挑大梁、当主角。重点围绕国家重大战略需求和前沿核心技术领域，培养扶植优秀青年科技人才，给予其持续稳定的科研经费支持，明确研究方向、领域和范围后，适当将自主权下放给团队中的顶尖领衔科技人才，由其自主确定研究课题、团队和经费使用，充分激发青年科技人才的创新活力和团队研发效能。加强知识产权保护，完善知识产权法律制度，为人才创新创业提供更加有力地保障。同时，积极营造开放包容、创新创业的文化氛围，鼓励人才敢于尝试、勇于创新，推动科技创新中心建设。

（三）要进一步加强人才分类评价

充分发挥人才的核心作用，推动人才评价的制度转型，要适应科技协同创新和跨学科、跨领域发展的特点，完善科技创新团队评价办法，注重个人评价和团队评价结合，尊重和认可个人的团队贡献，鼓励科研人员在有组织科研过程中快速成长起来。对不同研究领域的人才，考核和评价方法应有所侧重和区分。实行分类评价，健全科学的人才分类评价体系。

一是以定量定性相结合评价方法为抓手，推动科技评价改革走向纵深。建议要在继续推进和抓好破“四唯”落实的基础上，针对定量定性相结合评价方法设计和技术上的痛点和难点问题，由国家主管部门出台指导性文件，并要求高校和科研机构结合自身特点进一步落实，推动科技评价改革走向纵深，重点是要加强定量定性相结合评价方法的总结与凝练，特别是评价方法和程序的精细化设计。推动构建科技评价方法库和工具包，鼓励学术机构、专家评审委员会在评审制度方面探索多元化的评审标准和方法体系。

二是完善人才成长与发展的多样化职业通道，鼓励百花齐放。建议在重视学术人才的同时，充分考虑从事不同类型研究领域的人才的职业发展需求，设立多样化的职业发展通道，针对不同人才特点设定科学评价指标，破除“论资排辈”和“圈子文化”，让每一位人才都能享有“人尽其才、才尽其用”的公平机会。科技人才评价改革试点单位要以试点为契机，明确自身的试点责任和特色，开展各有侧重的科技人才评价改革试点。

三是构建多元化的人才评价方式，兼顾人才的共性化与个性化发展。建议在评价内容上，重点关注对“事”和“人”的评价，而不是对“量”的评价；在专家选择上，尽可能保障多样性与均衡性，在条件具备的情况下，体现“国际声音”和“青年声音”；在高级别项目和成果评价中，尽量做到“大同行”与“小同行”相结合、国内专家与国外学者相结合，避免学术权威“一锤定音”；在评价方式上，探索常规通道和快速通道并存模式，既为渐进式发展的科技人才提供畅通的稳步上升通道，也为做出重大突破与贡献的科技人才提供快速上升通道。

四是健全科技人才流动市场机制，让人才在市场竞争中实现价值。在户籍制度、社保制度等配套措施改革上，建立科技人才流动改革先行试点。建议政府在创造良好环境、规范用人秩序等方面持续发力，加强对人才市场恶性竞争的监管等。进一步规范人才计划，将人才评价自主权交给用人单位，由其根据人才市场的正常规律、根据自身和发展需要自主评定人才和设定称号，政府予以宏观指导。

五是探索对不同研究领域人才的择优稳定支持机制，加大科研诚信的系统评价和动态管理。营造一个切实遵循科研规律和科技人才成长规律，有利于从事基础研究的科技人才潜心研究、长期积累，不急功近利、拔苗助长的良好环境。对于从事应用研究和技术开发的人才，应着重评价其技术创新与集成能力，知识产权和科技成果转化能力。优化高层次人才、急需紧缺人才和产业人才的职称评审机制，科学设置人才评价周期，遵循不同类型人才成长规律，克服考核过于频繁的倾向，让科研人员有充足的时间进行自由探索、自主科研，营造鼓励创新、宽容失败的评价氛围和环境，推动形成人才健康发展、充分发挥才能的良好局面。

（四）进一步完善科研经费分配和监督机制

一方面，明确成果导向性，科研成果要有使用价值，要可以转化为现实生产力，发挥科研经费的最大效能。强化知识价值导向，以工作业绩为核心，建立创新成果和科研收益分配相衔接的多元化人才激励机制。实施以岗位绩效工资为主体的薪酬激励制度和以实际贡献为主体的差异化福利制度，提高科技人才工资待遇。建立与国际接轨的高层次人才年薪制、协议工资制和项目工资制等薪酬制度，对科研人员从事基础研究等研发周期较长的，应提高基础薪酬。

另一方面，加强对科技人才项目的事中事后监管，创新监督检查方式，实行随机抽查、检查，推进监督检查数据汇交共享和结果互认。减少过程检查，充分利用大数据等信息技术手段，提高监督检查效率。确保科研经费合理规范使用，提高科研经费使用过程的透明度。在科研项目申请时鼓励实行双盲同行评审，以此避免某些人或机构因其他原因获得更多的经费支持。有利于科技人才有更加公平的机会去争取到项目经费，激励更多优秀的科技人才涌现出来。提高科技人才在学术界和社会上的影响力和声誉。

（五）要进一步加强国际人才交流

只有扩大国际科技交流合作，加强国际化科研环境建设，才能真正形成具有全球竞争力的开放创新生态。北京应聚焦国家重大战略需要和首都发展重大需求，通过举办科技创新交流合作高端论坛、高规格国际科学会议、数字技术前沿领域全球性高端峰会等，从世界各地吸引集聚更多科技人才，加强区域间、地区间及国家间的人才合作和智力交流。

面向全球组织资源要素，主动融入全球创新网络，提升各类创新主体通过开放知识网络利用各类创新资源的能力，面向“一带一路”重点合作区域，在更宽领域深化与沿线国家和地区的科技创新合作，推进科技创新平台建设，积极打造“一带一路”协同创新共同体。与国内外科研院所和创新型企业合作，创新对外科技合作模式，加强机制性科技人才交流，培养国际化青年科研人员，加强国际科技创新合作能力建设，促进创新资源双向开放和流动。围绕产业链布局创新链，拓展与科技领先地区政府、科研院所、高校、院士专家团队、上下游企业以及具备领先技术优势的科技型企业开展科技创新合作。制定更加优惠的政策，吸引国内外高层次、复合型科技人才来北京发展，引进国际知名组织、国际知名科研机构、跨国企业研发中心等落户，进一步提高国际人才社区建设水平，推动落实新一轮外籍人才便利政策，落实好教育、医疗、商业、住房等公共配套服务，使北京成为各国科学家、行业精英、年轻学子向往的科学之城，国际科技交往之城。

以人才大数据助力城市人才高地建设
——济南市拓展人社人才工作数字赋能新路径

宁延学[1]　李海波[2]　毛可超[3]

党的十八大以来，习近平总书记一直高度重视数字化发展，多次强调要抓住数字化的机遇，大力推进“数字中国”建设。党的二十大擘画了以中国式现代化全面推进中华民族伟大复兴的宏伟蓝图，做出了“加快建设网络强国、数字中国”“加快发展数字经济”的战略部署，为人才工作数字化提供了根本遵循。人才领域是数字化转型、数字化建设的重要组成部分，把握数字发展的趋势，应对数字发展的要求，加快推进人才工作数字化转型，让数字赋能人才发展，让数字化转型成为人才引领发展的重要动力，这是深入实施新时代人才强国战略、建设世界重要人才中心和创新高地的题中之意，需要高度重视、抓紧布局、加快推进。

一、背景情况

推动人才工作数字化转型是数字时代发展的客观要求。数字已经成为继劳动、资本、土地、知识、技术、管理之后的第七大生产要素，大数据、云计算、人工智能、机器学习、物联网等为代表的数字技术正以前所未有的速度向前发展，互联网已经成为最重要的基础设施，

1　宁延学，中共济南市委组织部副部长，市人力资源社会保障局党组书记、局长。
2　李海波，济南市人才服务中心党总支书记、研究员，主要从事人才、科技、产业研究。
3　毛可超，济南市人才服务中心八级职员，主要从事人才发展规划研究。

大数据已经成为最重要的生产要素和战略资源，社会整体进入了全新的数字经济时代，生产方式、生活模式、组织范式都经历着重大变革。近年来，济南抢下数字化先手棋，坚持把加快打造“数字济南”作为推进济南现代化的重要抓手，着力构建“1+4+N”总体框架体系，统筹数字机关、数字政府、数字经济、数字社会一体推进，为人才工作数字化建设指明了方向、明确了任务。

推动人才工作数字化转型是人才治理现代化的必然要求。进入数字时代，以大数据、云计算、人工智能等为代表的数字技术革命改变并创造了新的工作过程和形式，人才工作亟须适应这一趋势，加快实现人才治理的数字化、智能化。通过整体制度机制重塑，建立能够覆盖全领域、全流程、全环节的人才数字化治理体制机制，积极破除影响跨层级跨部门流程与业务协同、数据交换与共享的体制机制障碍，推动人才治理从“事”向“制”“治”“智”转变，让人才发展治理体系更智能，让人才发展治理能力更聪明，让“智治”渗透人才发展治理体系现代化的方方面面，为新数字化背景下的创新活动提供重要的基础和支持。

二、主要做法

济南市人社部门超前树立数字思维、系统思维、平台思维，建成了全国首个全域化、一体化、智慧化的海右人才就业数智化平台，大力推动人才大数据深度运用，系统性重塑人才治理、人才发展、人才服务的机制和模式，以数字化转型赋能人才工作高质量发展，为省会高质量发展提供坚强有力的人才智力支撑。

（一）打破“数据壁垒”，建成全域贯通城市人才“数据池”

人才数据资源是人才工作数字化转型的核心要素。市人社部门统筹开发人才数据资源，加快人才发展的数字基础设施、数字架构建设，建立了数据资源体系和基础设施体系，为推动人才工作数字化转型奠定重要基础。

在数据采集上，海右人才就业数智化平台实质性打通了人社部门与公安、卫健、社保、教育、住建等重要职能部门的数据壁垒，实现政务数据互联互通，汇聚了全市人口数据、社保缴费数据、人才业务数据和其他业务平台数据，构建形成覆盖全市 1658.51 万人才人口资源的人才人口基础数据仓库。海右人才就业数智化平台对接学信网、国家职业资格网、全国专技证书系统等权威网站数据接口，进一步采集年龄、学历、专业等全要素人才信息，构建了城市全镜像人才“数据池”，实现了全市人才人口资源信息全覆盖。

在数据整理上，以人才人口数据仓库信息为基础，以人才身份证号为唯一识别码，对人才数据进行清洗、整理、优化，构建了一人一码、分类统计、动态验证的人才鉴定模型。通过对接权威网站认证数据，使用大数据计算技术，以在济正常缴纳社保和稳定就业作为核心依据，依据人才鉴定模型，对各项人才数据进行清洗整理、明确属性、完善标签、智能归类，自动完成达标人才信息分类入库，形成了完备的人才信息库、单位信息库、高校信息库。

在数据呈现上，依托分布式数据库服务架构及规模化存储支撑，利用“BI+GIS”三维集成技术手段，构建了人才数据库、人才数据云图、人才地图、人才画像等可视化数据模型，形成多维度数据看板，人才宏观数据和个人微观数据按照数据逻辑关系平面化关联，动态呈现全市人才总量、层次、分布、流动等相关信息，实现了人才数据的集成化、模型化、场景化呈现。

（二）运用“数据把脉”，促进产业人才融合发展

坚持人才链与产业链相融合，紧盯济南发展所需、产业所向，以人才大数据为产业转型升级、新旧动能转换提供人才方案，促进人才集聚与产业发展同频共振、融合共进。

1. 绘制全口径产业人才分布地图

海右人才就业数智化平台以实际地图区划为基础，通过大数据技术，对全市重点产业人才分布和规上企业、瞪羚及独角兽企业等重点企业分布，进行了点对点、群对群计算标注，根据人才集聚密度自动生成红、黄、蓝三色标记体系，对全市产业人才存量、层次、专业领域、分布等供给侧信息和企业急需人才专业、学历、职称等需求侧信息进行分类呈现，形成可视化人才供需对比图形，直观展现了产业人才结构性矛盾、错配状况及紧缺程度。数据显示，济南重点培育发展的十二个产业中，量子产业和空天信息产业发展布局与从业人才总量不相匹配，急需破解人才短缺问题；公共管理社会保障和社会组织、租赁和商务服务业、批发和零售业、制造业、居民服务业、信息传输软件和信息技术服务业、建筑业、科学研究和技术服务业等，位居济南人才集聚行业前列。

2. 建立人才项目跟踪管理系统

建立了“揭榜挂帅”项目跟踪系统、海外留学人员创新创业项目跟踪系统等人才项目跟踪系统，通过大数据跟踪问效，促进企业、人才、项目一体化发展。人才项目评审通过后，通过对接各部门业务数据，结合服务专员信息报送，对人才项目进展、企业经营情况、人才知识产出情况等进行实时跟踪、动态预警、智能分析，为更好推动项目落地提供依据和参考，促进人才项目落得下、留得住、发展好，实现人才引领产业发展、产业承载人才成长的良性循环。

3. 开启“按图索骥”精准引才模式

聚焦重点产业、重点项目，强化产业人才需求预测分析，全域征集人才职位需求，每年全方位多渠道向社会发布全市人才需求紧缺目录。依托高校信息库、济南学子库，超前布局招才引智资源，精准谋划引才路线，面向优势特色专业、山东籍济南籍人才集聚的城市和高校，实施“才聚泉城”名校行、城市行系列引才工程，组织重点企事业单位定向引才，建立了稳定的青年人才供给通道，累计开辟引才专线 133 条，与 101 所重点高校建立战略协议，在 39 所高校设立了济南市人才工作联络站，选聘济南市招才引智大使 99 名。“产业人才地图”精准引才模式大大提高了引才效率和成功率，入选了中国（山东）自由贸易试验区 57 项制度创新成果。大数据显示，济南在电子商务、人力资本、新城建和生物医药等产业领域人才需求旺盛，流入人才比例相对较高。

（三）推动“数据有为”，搭建供需精准对接“云平台”

加大人才领域的数字技术和内容开发，加快人才大数据场景应用，大力提高供需精准智能对接，促进人才招引和高质量就业有效衔接。

1. 建立产业人才供需对接服务平台

强化招才引智平台支撑，基于海右人才就业数智化平台，着力建设权威公信、系统集成、智能高效的产业人才供需对接服务平台。重点打造济南人才网“云聘”功能专区，建设“济南云聘不打烊”专栏，升级网站个人和单位会员中心，创新完善 5 大类 32 项单位会员服务和 5 大类 33 项个人会员服务，重点提升人才供需对接服务功能，构建“求职招聘线上发布、供需信息自动匹配、人才政策智能推送、引才成效数据评估”全链条闭环服务体系。聚焦供需对接移动端便捷服务，开发了“济南人才 · 就业云聘 e 码通”微信小程序，打造供需智能对接数据引擎，实现供需双方一键扫码登录、招聘求职一键发布、面试签约一键完成、对接信息一键统计、就业成效一键评估，“一机在手”即可招聘管理移动办公、求职招聘 24 小时不打烊。

2. 建立供需信息数据“双归集”机制

建立企业岗位归集数据库和人才求职数据库，用人单位注册登录后，自主发布职位信息、查询求职简历、开展直播带岗、发起视频面试、报名参加专场招聘。求职者注册登录后，自主投递个人简历、查询职位信息、接收面试通知。实时采集供需对接业务数据，向人才数据中心数据中台归集，经过数据清洗、转换、优化，整合形成岗位信息库和求职人员信息库，绘制人才供需数据云图，实时全景呈现供需对接服务成效。截至目前，已有 7647 家企业单位入驻，归集就业岗位 4.1 万个，求职信息达 16.61 万条，访问用户达 3.7 万人，访问岗位数量达 4.96 万次，有力推动了岗位和人才智慧化精准匹配，实现供需信息 24 小时无缝对接。

3. 建立人才供需精准匹配对接机制

强化应用需求分析，建立数据采集、数据预处理、数据存储、特征提取、智能推荐等标准规范，依托“双归集”机制基础数据，精准绘制企业需求画像和求职人才画像，全面梳理供需双方核心数据指标，构建人才供需精准匹配和推荐模型，推动实现人岗互配和供需互动。通过大数据运算，系统自动寻源筛选、智能匹配、双向推送求职招聘信息和个性化人才政策，实现供需双方的精准匹配和推送。目前，精准匹配职位数达 9.9 万条，匹配人才数达 1.6 万条，提高了求职引才效率和成功率，降低了求职招聘成本。

（四）强化“数据赋能”，推进人才工作体系升级

深入推进人才信息数据在科学决策、资源配置、流程优化等多个维度的政策运用，实现数据增值赋能。

1. 赋能顶层设计

充分发挥人才大数据独特优势，在人才决策过程中，建立用数据说话、用数据决策、用数据管理、用数据创新的机制。海右人才就业数智化平台人才数据看板实时分析、动态呈现全市各类人才队伍现状和趋势，实现对人才流动指标的实时监测和流失预警，助力决策部门及时发现问题、预测趋势、把握规律，准确预判人才吸引热度和人才工作形势，不断提升决策的精准性、有效性、科学性。对接全市重点人才工程项目，构建了多个专项人才数据库，自动抓取入选人才的专业、地域、年龄、层次、总量等关键信息，形成人才年度增量对比图和区域分布热点图，为政策优化调整、人才公寓精准布局、交通线路规划等提供数据依据。

2. 赋能人才开发

基于人才数字化系统，全国首创济南人才电子信用档案，促进在人才信息验证、人力资本价值评估、智慧政务服务等领域的应用，构建人才引进、培育、评估、激励等全生命周期闭环服务生态。全要素数据采集人才个人信息，构建了涵盖十大类 181 项人才个人信息的人才标签体系，形成了一整套人才电子信用档案标准，精准绘制人才“画像”，形成 260 余万份集成式、个性化人才电子信用档案。济南人才电子信用档案定时抓取、全量更新人才的知识产权、论文著作、荣誉称号等专项数据，以及综合人才项目申报、政策兑现、服务落实等人才业务数据，全程记录每一名人才来济在济的成长轨迹，多维度反映人才价值，跟踪评估服务需求。探索建设人力资本价值评估系统，构建衡量人才发展的人才价值指数模型，多维度评价评估城市人力资本总量、质量和活力，推动全市人才工作由重“量”向“量”“质”并重转变。

3. 赋能人才服务

坚持用数字化推进人才服务平台化、集成化、智能化，建设全周期全渠道全智能的人才服务体系。建设人才服务数字化管理系统，开发了55个业务子系统，建成集济南人才网、济南人才公众号、济南人才App、济南云聘E码通为一体的人才服务数字矩阵，实现了全市人才“云服务”全覆盖。开发济南人才码、泉城人才服务金卡虚拟卡（附属卡），人才服务形式更加虚拟化、场景化、人性化。创新智能化服务模式，系统自动核验比对人才信息，智能匹配人才政策，变“人找政策”为“政策找人”，高层次人才生活和租房补贴等实现无感智办、免申即享，系统自动审核率达71%。加快人才大数据政务应用，建成涵盖260余万人才的身份证、学历学位证、技能证书等基础证明材料的电子信息库，在人才工程申报、人才落户、人才购房等领域实现跨部门、跨区域、跨行业身份资格互认。

三、经验启示

当前，中心城市正在替代国家参与全球竞争。近年来，世界中心城市及城市群而非国家，正承担起强大的全球人才中心角色。因此，建设世界重要人才中心和创新高地，首先要推动中心城市在建设国家人才高地和人才平台方面取得新突破。推动人才工作数字化转型，不仅是数字时代人才发展的必然要求，也是为国家人才高地和人才平台建设赋能升级的一项重要策略选择。对城市而言，其“人才”始终处于一个动态流动、发展变化的状态，对城市人才总体估算、人才与经济嵌合度把握、人才政策供给有效性评价以及城市人才资本存量估计等都是一项重大挑战。推动实质性人才大数据系统建设，而非一般人才工作职能的网络化、电子化和手机化，才能构建对城市人才总体数据、底层数据、分类数据、动态数据的把握和分析能力，才能推动城市人才工作相关评估、发展、赋能、转移、交易、交付、回报、激励、保障等动态应用的立体化“大循环”，其中既包括城市“内循环”，也包括城市外“外循环”，从而升级重构城市人才工作体系、显化兑现城市人才资本价值，为打造生态化、活跃化、智慧化的城市人才生态系统助力赋能。

参考文献

［1］习近平. 高举中国特色社会主义伟大旗帜　为全面建设社会主义现代化国家而团结奋斗——在中国共产党第二十次全国代表大会上的报告［M］// 党的二十大文件汇编. 北京：党建读物出版社，2017：1—54.

［2］习近平. 在中国科学院第十九次院士大会、中国工程院第十四次院士大会上的讲话［M］// 论科技自立自强. 北京：中央文献出版社，2023：194—211.

［3］习近平. 在全国组织工作会议上的讲话［M］// 十八大以来重要文献选编（上）. 北京：中央文献出版社，2014：336—354.

［4］习近平. 在中国科学院第十七次院士大会、中国工程院第十二次院士大会上的讲话［M］// 论科技自立自强. 北京：中央文献出版社，2023：75—91.

［5］习近平. 深入实施新时代人才强国战略，加快建设世界重要人才中心和创新高地［J］. 求是，2021（24）.

［6］习近平在中国人民大学考察时强调　坚持党的领导传承红色基因扎根中国大地　走出一条建设中国特色世界一流大学新路［N］. 光明日报，2022-04-26（1）.

［7］习近平在中共中央政治局第五次集体学习时强调　加快建设教育强国　为中华民族伟大复兴提供有力支撑［N］. 新华日报，2023-05-30（1）.

[8] 习近平在同外国专家座谈时强调：不拒众流方为江海　中国永做学习大国 [N]. 中国青年报，2014-05-24 (1) .
[9] 加大改革落实工作力度让人才创新创造活力充分迸发 [N]. 人民日报，2016-05-07 (1) .
[10] 中共中央印发《关于深化人才发展体制机制改革的意见》[EB/OL]. https://www.gov.cn/zhengce/2016-03/21/content_5056113.htm.
[11] 聚天下英才而用之——学习习近平关于人才工作重要论述的体会 [M]. 北京：中国社会科学出版社、党建读物出版社，2017.
[12] 中共中央党史和文献研究院，中央学习贯彻习近平新时代中国特色社会主义思想主题教育领导小组办公室 . 习近平新时代中国特色社会主义思想的世界观和方法论专题摘编 [M]. 北京：中央文献出版社、党建读物出版社，2023：57—129.
[13] 周乐长 . 生命科学及其分支学科的特点与展望 [J]. 今日科技，2009 (6)：43—44.
[14] O. 比萨勒日夫斯基 . 生命科学中新的一页 [J]. 生物学通报，1956 (10)：12—13.
[15] 周济 . 现代生命科学发展的新特点 [J]. 医学与哲学，1985 (4)：8—11+56.
[16] 李真真 . 我国基础研究问题的探讨与思考 [J]. 科学学研究，2003 (4)：367—372.
[17] 周光召 . 对我国基础研究布局的几点思考 [J]. 中国科学院院刊，2019，34 (5)：568—573.
[18] 孙晓玲，丁堃 . 中国基础研究布局重点与均衡性分析 [J]. 科学学研究，2022，40 (10)：1756—1766.

[19] 王泰安，谭德培. 关于生命科学基础研究的特点及其管理 [J]. 科研管理，1985 (4): 19—21.

[20] 江虎军. 生命科学基础研究要融入国际主流 [J]. 中国科学基金，2005 (1): 24—28.

[21] 王钦南. 关于生命科学基础研究的思考 [C] // 新观点新学说学术沙龙文集 2: 生命科学的思考与畅想，2006: 37—50+230—231.

[22] 江虎军，冯锋，董尔丹. 如何客观公正评价生命科学基础研究成果 [J]. 中国基础科学，2010，12 (5): 49—53.

[23] 柳学智，苗月霞，刘晔. 全球基础研究人才指数报告 (2022) [M]. 北京: 社会科学文献出版社，2023: 9+109.

[24] 张端鸿. 高被引学者是否等同于高水平学者? [N]. 北京科技报，2017-03-20 (7).

[25] 教育部，科技部. 教育部科技部印发《关于规范高等学校SCI论文相关指标使用树立正确评价导向的若干意见》的通知 [EB/OL]. [2022-08-07] http://www.moe.gov.cn/srcsite/A16/moe_784/202002/t20200223_423334.html.

[26] 科技部. 科技部印发《关于破除科技评价中"唯论文"不良导向的若干措施 (试行)》的通知 [EB/OL]. [2022-08-07] http://www.most.gov.cn/mostinfo/xinxifenlei/fgzc/gfxwj/gfxwj2020/202002/t20200223_151781.htm.

[27] 赵晋平，单谷等. 日本频获诺贝尔自然科学奖的影响因素分析 [J]. 科研管理，2020 (10): 126—133.

[28] 中华人民共和国科学技术部. 中国科技人才发展报告 (2020) [M]. 北京: 科学技术文献出版社，2021: 35.

[29] 关于《中央级公益性科研院所基本科研业务费专项资金管理办法》有关问题的补充通知（财教〔2021〕203 号）[EB/OL].（2021-11-09）. http://jkw.mof.gov.cn/zhengcefabu/202111/t20211105_3763780.htm.

[30] 赵晋平，单谷等 . 日本频获诺贝尔自然科学奖的影响因素分析 [J]. 科研管理，2020（10）: 126—133.

[31] Elsevier BV. September 2022 Data-Update for "Updated Science-Wide Author Databases of Standardized Citation Indicators" [EB/OL].（2022-10-10）. http://elsevier.digitalcommmonsdata.com/datasets/btchxktzyw/4.

[32] 乌云其其格 . 我国未来的人才开发之路任重道远 [J]. 中国科技人才，2021（6）: 5—6.

[33] 教育部，人力资源和社会保障部，工业和信息化部 . 制造业人才发展规划指南 [EB/OL].（2017-1-11）[2023-9-4].http://www.moe.gov.cn/srcsite/A07/moe_953/201702/t20170214_296162.html.

[34] 张冀燕，张丽娟，等 . 世界主要国家青年科技人才政策的新进展 [J]. 中国科技人才，2021（2）: 17—18.

[35] 徐国祥，马俊玲，于颖 . 人才国际化指标体系及其比较研究 [J]. 上海财经大学学报，2006，8（3）: 85—90.

[36] 北京市人力资源研究中心 . 人才国际化指数研究 [R].2004.

[37] 徐国祥，等 . 上海市人才指数体系及其应用研究 [J]. 财经研究，2001，（12）: 36—43.

[38] 徐国祥 . 上海人才国际化与其他国际大都市的差距 [J]. 中国统计，2006，（3）: 47—48.

[39] 徐芳，高中华，周锦来，赵晨 . 人才国际化研究的演化历程及未

来展望［J］中国软科学，2021，（5）：176—185.
［40］陈修高，雷凤利，于博 . 沪粤人才国际化和高水平人才高地建设的比较与思考［J］. 中国人事科学，2022，（7）：33—42.
［41］赵玲玲 . 深圳国际化人才引进政策的现状、问题及对策［J］. 特区实践与理论，2019，（2）：92—96.
［42］张颖莉 . 深圳人才国际化发展现状及对策建议［J］. 中国人事科学，2020，（4）：66—73.
［43］高子平 . 大数据时代的国际人才数据权之争：基于 LinkedIn 的个案分析［J］. 中国行政管理 .2018，（6）：83—87.
［44］高子平 . 谁拥有国际人才数据权　谁就在竞争中赢得主动［J］. 国际人才交流 .2018，（2）：14—15.
［45］汪怿 . 高水平人才高地建设：基本内涵、核心角色与发展对策［J］. 中国党政干部论坛 2021（11）.
［46］汪怿 . 构建高能级人才增长极聚集带发展圈［N］.《解放日报》，2021-11-23.
［47］汪怿 . 吸引全球“最强大脑”建设高水平人才高地［N］.《光明日报》，2021-11-14.
［48］上海市人社局 . 上海海归 300 指数（2021）——城市软实力与海归创业生态［EB/OL］.（2021-10-15）.
［49］仝美妮 . 青年科技人才的培养路径［J］. 人力资源，2014（5）：85.
［50］杜德斌 . 上海建设全球科创中心的战略路径［J］. 科学发展，2015，74（1）：93—97.
［51］黄英 . 提升国际化水平建设全球科创中心［J］. 中关村，2014（9）：36—38.

[52] 孟景伟 . 构建最富活力的创新创业生态系统，加快建设具有全球影响力的科创中心［ J ］. 中国科技产业，2014（ 5 ）：33—35.

[53] 韩正 . 服务国家战略建设科创中心［ EB/OL ］.（ 2015-01-05 ）http://www.Scofcom.gov.cn/swdt/236695.htm.

[54] 高子平 . 海外科技人才的团队式引进［ N ］. 东方早报，2013-04-02.

[55] 于珈 . 科技创业人才研究现状与未来展望［ J ］. 中国高新技术企业，2015（ 10 ）.

[56] 朱敏、许家云 . 海归人才回流与 FDI 技术溢出——地区差异及影响因素的实证分析［ J ］. 科学学研究，2013（ 3 ）.

[57] 范兆斌 . 海归的动态技术转移效应：来自民营上市公司的证据［ J ］. 国际经贸探索，2015（ 2 ）.

[58] 纪韶、朱志胜 . 海外高层次人才回国就业创业调查——基于北京市海淀区案例［ J ］. 领导文萃，2014（ 1 ）.

[59] 叶忠海 . 人才资源优化策略［ M ］. 上海：上海人民出版社，1996.

[60] 北京市人力资源研究中心，北京人才发展战略研究院 . 北京人才蓝皮书：北京人才发展报告（ 2021 ）［ M ］. 北京：社会科学文献出版社，2021.

[61] 姚凯，王亚娟 . 基于人才大数据发展的新时代人才治理体系建构［ J ］. 中国科技人才，2021（ 4 ）：13—18.

[62] 徐芳，高中华等 . 人才国际化研究的演化历程及未来展望［ J ］. 中国软科学，2021（ 5 ）：176—185.

[63] 商业周刊 . 全球人才最爱去这个城市工作，不是纽约也不是迪拜［ EB/OL ］.（ 2018-06-30 ）［ 2020-10-28 ］. https://www.sohu.com/

a/238595755_320672.

[64] 徐国祥，马俊玲等 . 人才国际化指标体系及其比较研究 [J]. 上海财经大学学报，2006，8（3）: 85—90.

[65] 伊彤，王涵等 . 全力打造世界高水平人才高地 [J]. 中国科技人才，2022，2（3）: 8—13.

[66] 高阵雨，陈钟等 . 我国高层次科技人才流动情况探析：以国家杰出青年科学基金获资助者为例 [J]. 中国科学基金，2019，33（4）: 363—366.

[67] 任晓刚 . 加快建设北京国际科技创新中心 [N]. 人民日报 .2023-9-7（9）.

[68] 张晓静 . 打造高水平人才高地，助推北京科创中心建设 [N]. 科技日报 .2023-6-7（6）.

附录

2022—2023年上海科技人才重点政策表

序号	政策名称	文号 / 时间	出台单位
1	关于印发《关于本市进一步放权松绑激发科技创新活力的若干意见》的通知	沪府办规〔2023〕10号 /2023年4月1日	上海市人民政府办公厅
2	关于印发《上海市高质量孵化器培育实施方案》的通知	沪府办规〔2023〕16号 /2023年6月26日	上海市人民政府办公厅
3	关于印发《上海市人力资源服务“伯乐”奖励计划实施办法》的通知	沪人社规〔2022〕25号 /2022年7月1日	上海市人力资源和社会保障局
4	关于延长《关于印发〈关于服务具有全球影响力的科技创新中心建设实施更加开放的国内人才引进政策的实施办法〉的通知》有效期的通知	沪人社规〔2022〕35号 /2022年10月28日	上海市人力资源和社会保障局
5	关于延长《关于做好优秀外籍高校毕业生来沪工作等有关事项的通知》有效期的通知	沪人社规〔2023〕14号 /2023年6月25日	上海市人力资源和社会保障局
6	关于延长《上海市优秀科技创新人才培育计划管理办法》有效期的通知	沪科规〔2022〕5号 /2022年8月15日	上海市科学技术委员会
7	关于印发《上海市促进细胞治疗科技创新与产业发展行动方案（2022—2024年）》的通知	沪科合〔2022〕29号 /2022年10月31日	上海市科学技术委员会
8	关于印发《上海市促进医疗卫生机构科技成果转化操作细则（试行）》的通知	沪科规〔2022〕8号 /2022年11月17日	上海市科学技术委员会
9	关于印发《推进“大零号湾”科技创新策源功能区建设方案》的通知	沪科合〔2023〕3号 /2023年1月6日	上海市科学技术委员会
10	关于印发《上海市科技成果转化创新改革试点实施方案》的通知	沪科规〔2023〕9号 /2023年7月31日	上海市科学技术委员会
11	关于印发《上海市白玉兰人才计划浦江项目实施办法》的通知	沪人社规〔2023〕8号 /2023年6月6日	中共上海市委人才工作领导小组办公室 / 上海市人力资源和社会保障局 / 上海市科学技术委员会

图书在版编目(CIP)数据

上海科技人才发展研究报告.2022—2023/曾方，
张艳林主编;顾玲琍，祝侣副主编.—上海:学林出
版社，2023
ISBN 978-7-5486-1979-6

Ⅰ.①上… Ⅱ.①曾… ②张… ③顾… ④祝… Ⅲ.
①技术人才-人才培养-研究报告-上海-2022-2023
Ⅳ.①G316

中国国家版本馆 CIP 数据核字(2023)第 217663 号

责任编辑 许苏宜
封面设计 汪 昊

上海科技人才发展研究报告 2022—2023
曾 方 张艳林 主编
顾玲琍 祝 侣 副主编

出 版 学林出版社
（201101 上海市闵行区号景路 159 弄 C 座）
发 行 上海人民出版社发行中心
（201101 上海市闵行区号景路 159 弄 C 座）
印 刷 上海商务联西印刷有限公司
开 本 720×1000 1/16
印 张 17
字 数 21 万
版 次 2023 年 12 月第 1 版
印 次 2023 年 12 月第 1 次印刷
ISBN 978-7-5486-1979-6/G·759
定 价 68.00 元